日本经典技能系列丛书

液压机构

(日)手嶋力　著

徐之梦　翁翎　译

机械工业出版社

液压和电一样都是看不见的，所以很难理解，和电线一样也用管路连接。通过本书可以学习由液压驱动的机械原理、管路的作用、常用的液压回路等液压知识，了解现实中应用的液压装置。

"GINO BOOKS 18：YUATSU NO KARAKURI"
written by CHIKARA TESHIMA

First published in Japan in 1979 by Taiga Shuppan，Tokyo
This Simplified Chinese edition is published by arrangement with Taiga Shuppan，Tokyo in care of Tuttle-Mori Agency，Inc.，Tokyo

本书版权登记号：图字：01-2007-2340 号

图书在版编目（CIP）数据

液压机构/（日）手嶋力著；徐之梦，翁翎译. —北京：机械工业出版社，2010.4（2024.1 重印）
（日本经典技能系列丛书）
ISBN 978-7-111-30732-7

Ⅰ.①液…　Ⅱ.①手…②徐…③翁…　Ⅲ.①液压传动　Ⅳ.①TH137

中国版本图书馆 CIP 数据核字（2010）第 091923 号

机械工业出版社（北京市百万庄大街 22 号　邮政编码 100037）
策划编辑：王晓洁　责任编辑：王晓洁　版式设计：霍永明
责任校对：张　薇　封面设计：鞠　杨　责任印制：李　昂
河北宝昌佳彩印刷有限公司印刷
2024 年 1 月第 1 版 · 第 11 次印刷
182mm × 206mm · 6.833 印张 · 196 千字
标准书号：ISBN 978-7-111-30732-7
定价：35.00 元

电话服务
客服电话：010-88361066
010-88379833
010-68326294

网络服务
机　工　官　网：www.cmpbook.com
机　工　官　博：weibo.com/cmp1952
金　　书　　网：www.golden-book.com
机工教育服务网：www.cmpedu.com

出版说明

为了吸收发达国家职业技能培训在教学内容和方式上的成功经验，我们引进了日本大河出版社的这套“技能系列丛书”，共 17 本。

该丛书主要针对实际生产的需要和疑难问题，通过大量操作实例、正反对比形象地介绍了每个领域最重要的知识和技能。该丛书为日本机电类的长期畅销图书，也是工人入门培训的经典用书，适合初级工人自学和培训，从 20 世纪 70 年代出版以来，已经多次再版。在翻译成中文时，我们力求保持原版图书的精华和风格，图书版式基本与原版图书一致，将涉及日本技术标准的部分按照中国的标准及习惯进行了适当改造，并按照中国现行标准、术语进行了注解，以方便中国读者阅读、使用。

液压的原理

泵

控制阀

执行元件

相关机械和零件

液压符号与基本回路

液压，是很抽象的事物。

但液压却在各种地方——工厂中、露天场地、船、飞机和汽车中广泛应用。当然机床也不例外，NC（数控机床）和仿形装置如果没有液压就不可想象。液压机构外部接有软管等各种管子，仅一眼看去很难了解其机构。

通过学习本书，读者可以初步了解“液压机构”……本书乃读者学习液压知识的一个新的尝试。

液压的原理

液压的应用

▲船舱口用液压马达拉钢索

▲飞机维修台，用液压机构上下调节

▲挖土机等建筑机械最适合干“力气活”

在马路上散步时稍加注意，就能看到使用液压的机械。仔细算起来，应用液压机械的地方几乎不可尽数。

从航天领域、飞行器设计到矿山、海底油田开采领域，液压的应用范围真是广泛而又深入。在压路机、挖土机等建筑机械中使用液压，能够高效、快速地完成人力所不及的“力气活”。

机床和原子能研究所的控制器等，固然也能完成某种程度的“力气活”，但在完成与人的神经系统类似的控制工作时仍使用液压。

虽然目前与机械式、电气式及气压式的机械相比，液压机构贵。但是，大功率、特殊结构且价钱便宜的液压机构越来越多。

一般来说液压机构价格较高，但是它具有容易使用、维修费用低、安全性好等优点。

为装卸货物方便在货船船舱甲板上设有大型舱口。航海中必须用防水、密封的舱门把该舱口密闭。这个密闭的装置即舱口盖，一个常常有 20t 或者 30t。

第二次世界大战前要用起重机将舱口盖吊开及关闭，非常费时费力。现在货轮则用液压缸、液压马达及液压式转矩铰链完全使舱门自动开闭。

装备液压自动开闭舱口盖，船的建造费用需要增多5%或6%。然而考虑到这能节约港口停泊费用、装卸货费用，最多几年就能抵消上建造时多出的费用，而且能显著减轻船员的劳动。

所以如果装备巨大的舱口盖，首先要考虑是否用液压代替起重机起吊。

这是必须使用液压的实例。在陆地上、矿山相关企业中也有很多相似的应用。对液压装置需要程度越高的，其应用越快速、广泛。

如果只考虑“使用难易”而不深入考虑设备费、维修费方面，这种情况下使用的液压装置与舱口盖的例子相反，此种机械和设备很难普及。

▲用液压力破碎大混凝土块　　▲货车自动分类装置的配管

▲喷气式战斗机中液压装置的一部分

▲赛马移动门的轮子用液压式动力转向

液压的历史

很久以前就有利用风和水流动的力使某种“机构”代替人进行工作的记载。大约在5000年前就有靠风力行驶的船，2000年前就有利用水流力运转的水车。

▲古代埃及的帆船

但是，无论是上面提到的帆船，还是水车利用流体力的方法，都与现在的液压机构不同。

与帆船、水车利用流体力方法一样的，当前用得最多的是汽车的变矩器。

把两台电风扇相向并列放置，让一个电风扇旋转，在其风力的带动下，使另一台没接电源的电风扇转动。液压变矩器即是应用这一原理进行工作的。

压力机、挖掘机所使用的液压机构利用流体流动力的方式与上面不同，它们是根据帕斯卡“水压机原理（见第10页）”中流体压力（静压力）进行工作的。

帕斯卡原理是17世纪中期发现的，然而方便的液压机构的价格到现在达到可以接受的程度，花了将近200年的时间。

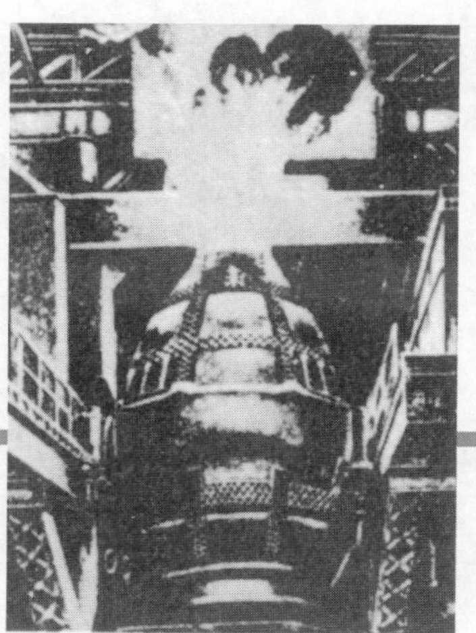

▲酸性的转炉

1882年有龙门刨床往复运动利用液压的记载。这与19世纪60年代亨利酸性转炉炼钢法被广泛采用联系起来，是非常有意思的。那时原本昂贵的钢用酸性转炉法能以很低的成本大量生产了。

制造高压流体容器必须使用高强度的钢材，因而可以说价格低的钢材的大量生产和液压机械有着很密切的联系。

到了1920年液压泵发展到一定的水平，能够很容易地获得可靠的压力源。

此后，利用液压机构不但能进行单纯的往复运动，还能自由调整速度、换向时间等，其使用范围逐步向磨床、拉床、钻床扩大。

▲兵器的高速发展促进了液压机构的开发和发展。昭和 12 年（1937 年）**普遍使用的中岛飞机制造厂制造的九七式一号舰上攻击机，开始采用液压装置驱动的折翼和起落架。正式的低翼单桨类飞机具有可变间距螺旋桨、主翼折叠的功能，是日本近代飞机里程碑式的设计**（杂志《球》提供）

在第二次世界大战中，液压技术以令人惊奇的速度发展。液压机构、随动机构在飞机、舰船、兵器方面以惊人之势被开发、采用。

战后这些精密的液压机构和随动机构也向一般产业延伸，得到长足发展。

在日本，与 20 世纪 50 年代产业复兴相应，盛行从海外引进液压技术，其中从美国引进的最多。

因此，涉及液压机器和液压机构时，其英语名称比较混乱。

帕斯卡1623~1662

帕斯卡原理

帕斯卡原理是1654年，帕斯卡（Blaise Pascal，1623～1662年，法国）在31岁时写的《流体平衡论》中介绍“水压机的原理”时提出的。

当时对“真空是什么”的各种说法很多。

在长1m左右的带底的玻璃管内装满水银，将底朝上立在水银槽中，水银下降到8个刻度高，此时玻璃管上部残留的空腔叫做“托里拆利真空”。

该真空是真正什么也没有的空间，还是有什么眼睛看不见的东西，是当时争议最大的问题。

与亚里士多德学派交叉的经院哲学学者们主张“自然厌恶真空”，所以一般认为真空处总是由其他物质充满的。笛卡儿从帕斯卡那里看到了真空实验的用具时，仍然未改变自己的想法，他认为所谓真空的地方，实际是由非常小的物质“以太”填充的。

帕斯卡相信“相关自然现象必须通过实验证明”。于是在义兄贝里的帮助下，反复进行托里拆利真空的实验，看其是什么物质。

有时在多姆山的山顶和山麓测量托里拆利真空水银柱的高度。

山顶和山麓高度差约为1000m，在山顶测定的水银柱的高度比在山麓测定的水银柱的高度约低76mm。

现在，帕斯卡亲自使用的实验装置、各种器具等的记录仍被保存着。

帕斯卡验证了有关气压和水银柱的平衡问题、流体对称问题的特殊情况。他在开始进行真空实验大约七年后完成了《关于大气的重量》、《流体平衡论》两篇论文。

他在《流体平衡论》中介绍“水压机的原理”时写道：“在一个密闭的容器里装满水，开两个口。一个口的面积是另一个口面积的100倍。分别在两个口塞上活塞密封。这样，一个人压小活塞，顶得上100个人压大活塞。”这就是现在所讲的“帕斯卡原理”。

把这个原理应用于水压机时，利用与活塞面积成比例的关系能得到任意大的力。因此当时研制出了新型的杠杆机械。

然而，与普通的杠杆和螺栓的作用一样，把小活塞压下100mm时，大活塞只上升 1mm。换句话说，即总的工作量不变。

帕斯卡也把工作量不变问题同重心问题结合起来证明。

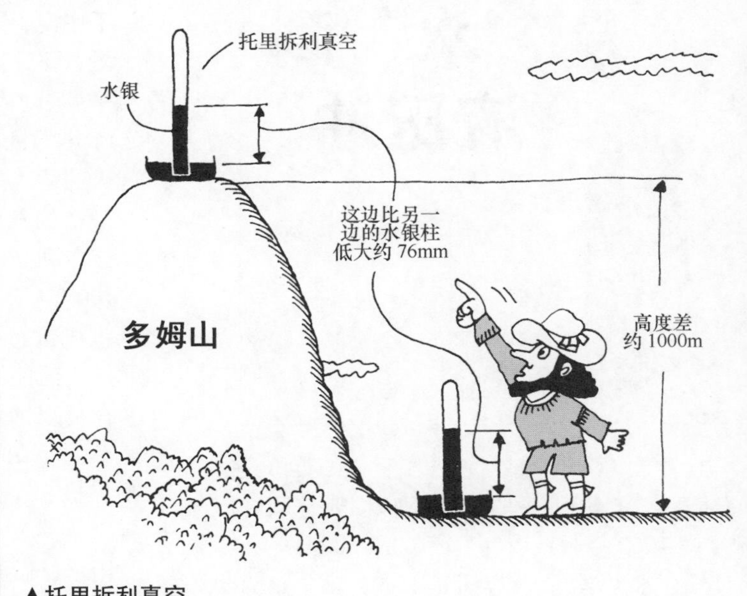

▲托里拆利真空

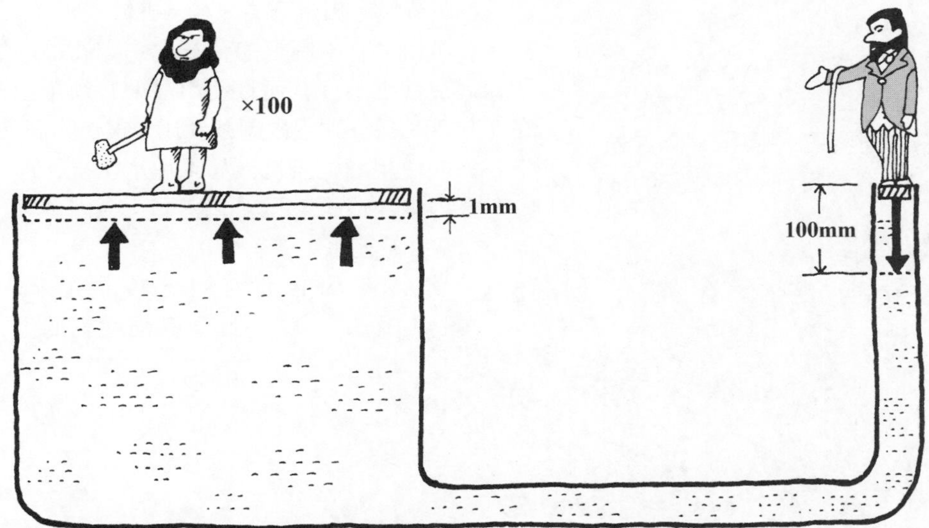

▲帕斯卡水压机的原理，这是以水为介质

从“水”到“液压油”

相对于“液压”或“液压工程”的英语是hydraulics，打开手头的袖珍英和词典（昭和37年即1962年版）看，写着“hydraulics……水理学、水力学”。形容词hydraulic项是水力的、用水的、水力学等，还有把hydraulic press作为“水压压力”复合词的例子。

这样，“液压”和“水压”有很深的关系。

水是以我们最容易利用的形态存在于自然界的液体。用液体进行某种操作时会首先想到水，没有比它更容易得到、更便宜的液体了。

液压机构的原形是帕斯卡实验用的水压机及其原理。用液压代替水仅是100年前的事。

在1654年《水压机原理》发表之后，约230年或240年漫长的时间里，不是使用“液压”而是使用“水压”。

不用说，即使现在也使用“水压”，只是与“液压”相比，仅在一定的领域中使用，并且数量也少，一般很难引人注意。例如：对于赤热的铁块成型时用的锻压机械，用油有起火的危险，故使用水压。

最初的蒸汽机是根据威斯坦的专利制造的。该专利是1663年出现的。

100年后，瓦特发明了改良型蒸汽机，对该蒸汽机进行各种改良，将其作为工业用动力元件广泛使用。

在那以前作为动力元件使用的只有水车和风车。不用说精密的机床尚未出现，连泵或起重机都全是手工制造，最初使用木材做原料。

用木材做原料时，不存在生锈的问题。

从19世纪初到后半叶，开发出了各种机床，也制造出了相当完美的水压机械。

然而用水有限制，如存在生锈和腐蚀问题，润滑性也不好，而且使用温度必须限制在0～100℃等。这些限制条件让人很伤脑筋。常在室外使用的建筑机械如果用水压机，严冬时会因冻住而不能运转，盛夏又会因蒸发而必须常常补充水。

从19世纪初至19世纪末，随着高强度钢的生产工艺简化，常用

hy·dras·tis [haidrǽstis] *n.* =goldenseal.
hy·drate [háidreit] 〖化〗 *n.* 含水化合物, 水化物. —*vt., vi.* 水化する, 水酸化する, 水和する. **hý·dra·tor** *n.* [*hydr-*+*-ate*]
hy·drat·ed [háidreitid] *adj.* 水化[水和]した: ～ *lime* 水和石灰.
hy·dra·tion [haidréiʃən] *n.* 〖化〗 水和(作用): *heat of* ～ 水和熱.
hydraul. (略) hydraulic; hydraulics.
hy·drau·lic [haidrɔ́:lik] *adj.* **1** 水力を用いる[で動かす]; 水力の, 水圧の: *a* ～ *crane* 水圧クレーン / ～ *engineering* 水力工学 / *a* ～ *lift* 水力エレベーター / ～ *machinery* 水力機械 / ～ *power* [*pressure*] 水力[水圧力] / *a* ～ *press* 水圧プレス, 水力圧搾器. **2** 含水の; 水中で硬化する: ～ *cement* 水硬セメント / ～ *mortar* 水硬モルタル. **3** 水力学の, 水力工学の. **hy·dráu·li·cal·ly** *adv.* 水力で, 水圧で. [L *hydraulic-(us)*, Gk *hudraulikós* (*hydr-*+Gk *aulós* pipe)]
hydraulic brake 水圧ブレーキ.
hydraulic (floor) jack 〖機〗 水圧(床)ジャッキ: ☞ *jack*
hy·drau·li·cian [hàidrɔ:líʃən] *n.* 水力学者,
hydraulic press 水圧プレス.
hydraulic ram

▲19 世纪末时的 6000t 水压机

的设备进一步普及，用于精密加工的机床，其动力元件有汽油机（内燃机）、柴油机（内燃机）、电动机。

之后，出现了用石油精制润滑油的方法，一下子从“水压”过渡到“液压”。

▲石油精制技术确立了液压时代到来

液压的特点

制造机构或装置时，最先考虑的是用什么作为动力。虽然也有用人力的情况，但现在使用最广泛的动力元件是电动机、内燃机。

也可以说进行机构或装置设计时，常常先确定动力元件。

以电动机或内燃机为动力元件，所得到的动力是旋转运动。必须提高这种旋转运动动力元件的效率，通常高旋转速度很难直接利用。

可利用这种形式的动力元件进行不同种类的“工作”。

除旋转运动之外，也有许多机床进行直线运动。因为建筑机械是用机械代替人力进行工作，并将作用力放大，所以不但进行直线运动，甚至还要进行与人的胳膊动作类似的复杂动作。

要让机构进行复杂的运动，旋转运动、直线运动的运动速度必须要能自由改变。

动力元件用直流电动机或内燃机时，要改变旋转速度比较简单。

然而，在改变旋转速度

动力源与执行元件远时也能方便地连接

无级变速简单

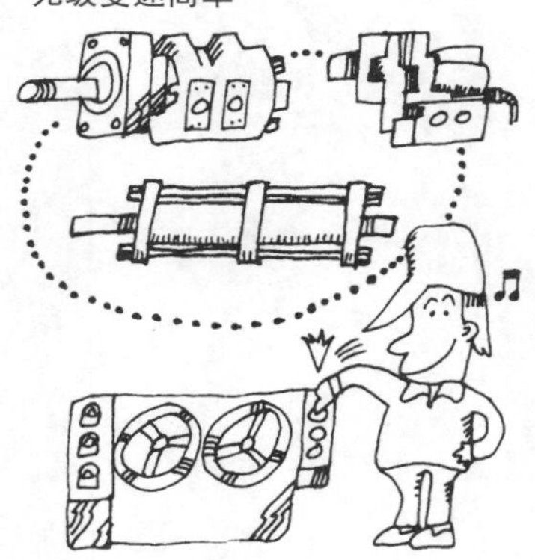

相同功率装置的重量轻

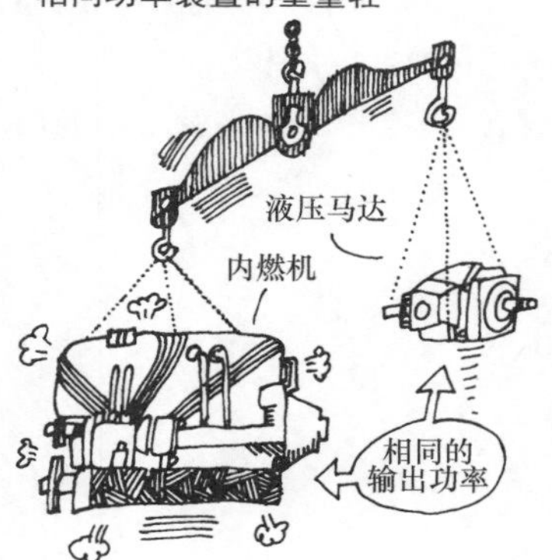

传递动力的损耗大

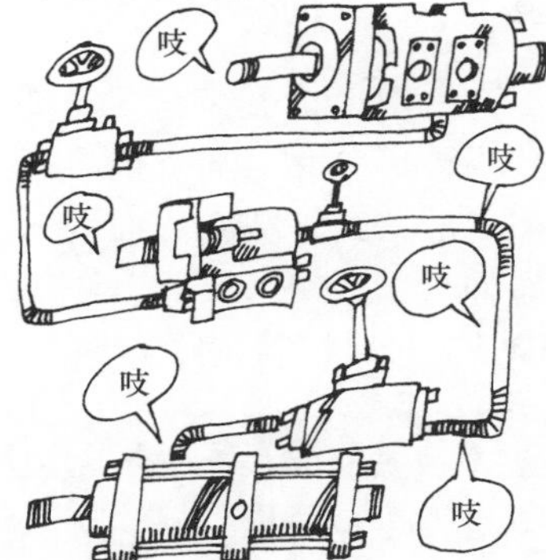

必须防止液压油污染

装置制作费用高

时输出功率也变化，由此会产生各种复杂的问题。

不管怎样，各种动力元件都有种种不便的方面，必须充分利用，使之进行相应的、复杂的操作。

根据动力元件和工作部分（执行元件）的连接方式（传递动力的方式）划分，主要有如下几种方式：

① 机械式

② 电气式

③ 气压式（气体式）} 流体式

④ 液压式（液体式）} 流体式

这些方式各自都有优缺点。

如动力元件和执行元件的距离近且其间没有障碍物，只是进行单纯操作时，使用蜗杆副、带轮、齿条和小齿轮等机械装置能充分发挥其功能。同时，传递动力时产生的损耗也小。

然而操作步骤复杂、执行元件远离动力元件或中间有障碍物等，就不能使用机械式了，应该选择其他方式。

选择液压机构有如下优点：

① 动力元件和执行元件之间距离远或之间有障碍物时，能比较方便地连接。

② 能方便地进行无级变速。而使用齿轮变速器只能进行前进 4 级、后退 1 级或预先确定变速比的变速。

③ 能用方便安装保护装置的安全装置。进而，在为超过设计的载荷加设安全装置后，载荷回到正常时，装置也自动恢复到正常运转状态。

④ 输出功率相同时，执行元件的重量比其他方式轻。

能充分地发挥这些优点时，必须采用液压式。

当然，液压式也有以下缺点：

① 比机械式传递动力时的损耗大。

② 需要特别注意防止液压油污染。

③ 液压装置的制作费用一般比其他方式高。

液压装置的构成

液压装置大体由以下三部分构成。

① 使用液压活塞和液压马达等进行工作的装置……执行元件。

② 使用方向控制阀和流量控制阀改变工作方向和速度的装置……控制元件。

③ 使用液压泵从油罐吸出液压油，通过控制元件把液压油送到执行元件的装置……动力元件。

利用身边的液压装置，按号码顺序察看其管线就能很快了解其结构。另外，大型的液压装置中常将这三个元件分别构成三个部分。

执行元件

进行直线性推或拉运动时，通常用液压活塞。

在利用卷扬机的滚筒旋转把吊重物的钢索卷起等进行旋转运动时，用液压马达。

执行元件由液压缸、马达类（将其总称为执行元件）和防止过载破坏作用的安全装置构成。

控制元件

改变液压的流向、转换执行元件运动方向的方向控制阀，调整工作速度的流量控制阀等，是液压装置构成要素之一。

此外，根据装置动作的需要，可使用各种各样的机械实现。比如模仿人的动作，如伸臂、收回、走、跑等，即是通过这控制元件实现的。

动力元件

由储存所需液压油的储

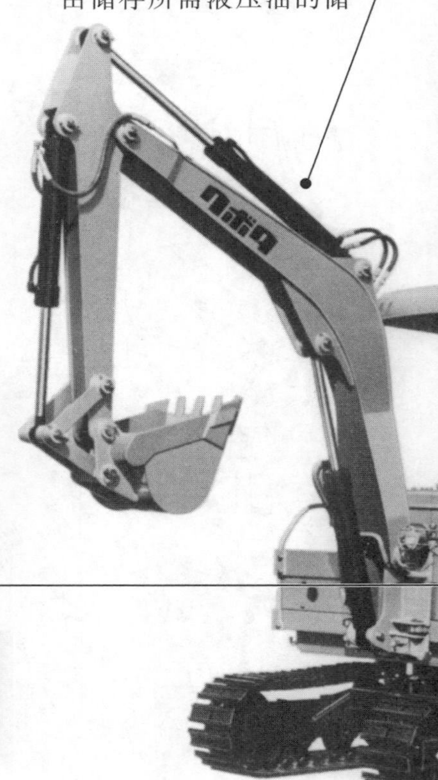

▲调节执行元件工作的各种阀

▲使挖土机的臂伸出拉回的液压缸

油罐（或油箱）、从储油罐吸出油并送到回路的液压泵、保护泵和动力元件的溢流阀等构成。

这种元件也可根据装置工作的需要，使用各种各样种类的机械。

此外要注意，不要被“动力元件”这个词迷惑。

一般的液压装置（应用静压或帕斯卡原理的装置），用泵把液压油刚好克服载荷送入执行元件，会使压力上升。

如果载荷小，会限制其压力的大小。为使装置不损坏，要限制压力的最大值。

所以说“动力元件”并不是只输出一定大小的压力。

应该说，是将一定量的液压油（需要液压油量）克服载荷输出的元件。

▲此泵在这个机械的心脏部位

▲斜板型活塞马达

注射器也是泵的一种

仅从外部观察液压的机构，很难理解液压通过什么样的机构进行动作。因为液压油从哪里向哪里流、起着什么样的作用仅靠肉眼很难看出。因而，一般都认为液压机构很复杂，很神秘。

液压结构比用电装置等的结构更单纯。

不要一开始就对液压敬而远之，要从简单的装置开始理解。

可以利用下面的方法，观察用肉眼能看的实验部分，同时在头脑中想象。

准备 5cc 和 20cc 的注射器，用适当粗细的塑料管代替针，把两个注射器连接起来。

将粗注射器的活塞推进顶底，拉动细注射器的活塞吸进水，两个注射器用塑料管连接，这时将水染色更好观察。如果不在水中进行此操作将会吸进空气。这时慢慢推动连接的细注射器的活塞，同时观察。

在细注射器中的水经塑料管流向粗注射器时，粗注射器的活塞根据进来的水量被向外推出一定距离。

▶把大小两个注射器用管子连接，向每个注射器注入5cc水

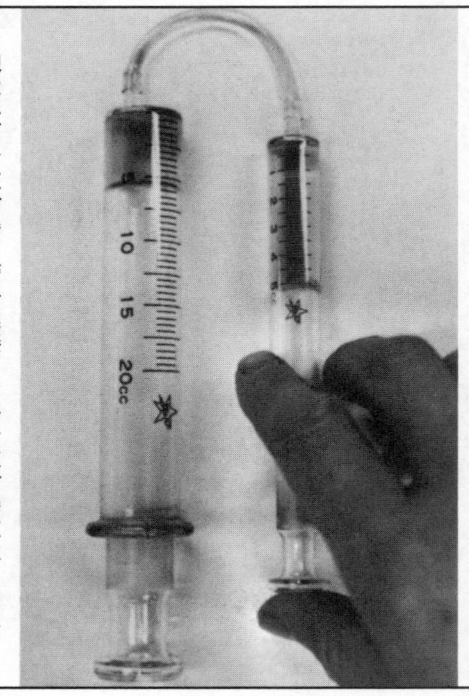

▶把小注射器的水推出一半

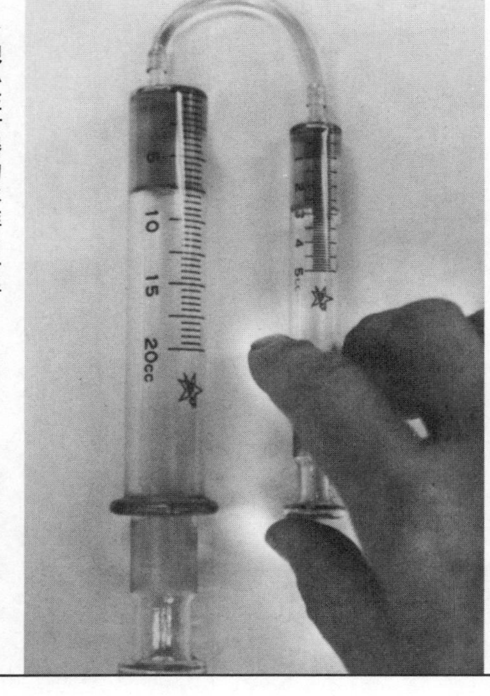

假定粗注射器直径为2cm，假定细注射器直径为1cm，如果把细注射器推进4cm，则粗活塞被推出1cm。

这是因为进入细注射器4cm高度水的体积和进入粗注射器1cm高度水的体积相等。

这样，根据吸入的水的高度来计算活塞的推出量，不仅是直径1cm和直径2cm注射器的情况，在1cm和3cm时、0.5cm和1.5cm时通过简单计算都能求出活塞伸出长度。只是注射器的直径一般并不是这么整的数值。

挖掘机或叉车上使用几根液压圆杆。计算这些液压杆活塞的伸出长度时，与计算粗注射器活塞被推出的长度方法相同。

可以计算把多少液压油送入那个液压缸，该活塞伸出几百毫米。

然而实际进行操作时，需要知道伸出几百毫米需要几秒，所以有必要用“流量”或“排量”来考虑。

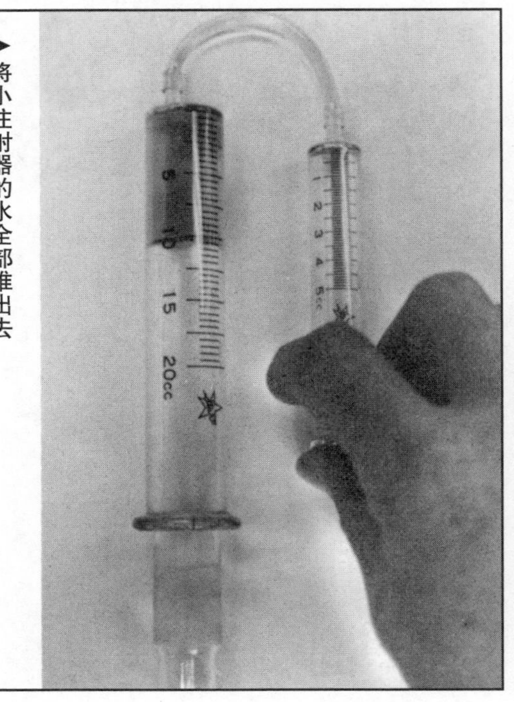

▶将小注射器的水全部推出去

▲此活塞伸出长度和注射器的计算方法一样

压力

回到前面用注射器进行的实验中，从 1 个粗注射器与 1 个细注射器用塑料管连接的状态开始。

用左手指推动粗的活塞，用右手指推细的活塞。与推粗活塞相比，推细活塞时手指必须用更大的力。实际进行注射器实验时，能够亲身体会到这个感觉。

把用右手指推的力再加强些试试看，当然左手指推动粗活塞的力也要增强。

塑料管会稍稍膨胀，最后终于从注射器上脱落。

水或液压油等液体被强力压缩，体积只能缩小一点点。这一点是和空气或二氧化碳不同的。

因为粗活塞不动，细活塞推出的水流不出去，体积几乎不变。之后，由推动细活塞的力，产生相应的阻力，在平衡力的作用下活塞静止不动。

加在活塞上的力越大，相应产生的阻力也越大，于是该阻力对封闭水的容器壁的表面也产生相同的作用。

假定容器壁受到很小的破坏，液体就会流到外面去。如果设有可移动的装置，该装置就能移动。塑料管膨胀脱落也因为该力作用。

液压装置中的“压力”，一般是指从外部施加到液压油上的力，液压油反抗不被压缩的力。

液压缸相当于该实验中的粗注射器。

把砝码放在粗活塞最上面，用手指推细活塞，粗活塞伸出把砝码顶上去，这个情形和液压缸活塞举起重物的情形相同。

放在活塞上的砝码，产生阻止活塞伸出的力。然而推动细活塞时强制把水输送到粗

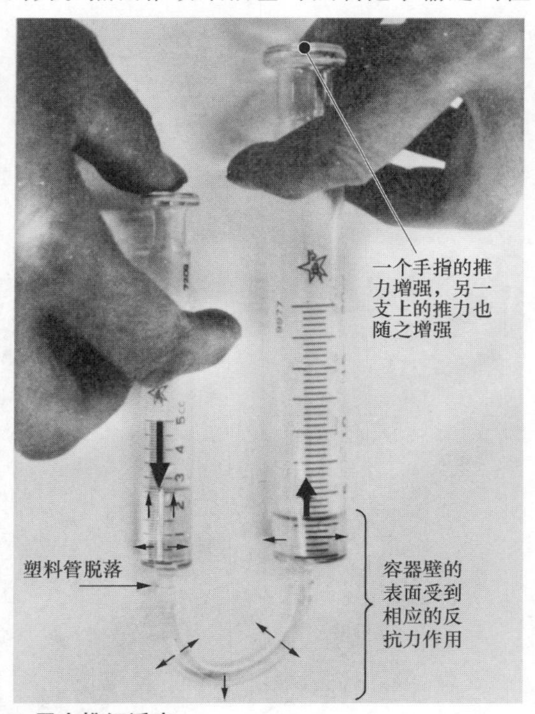

▲用力推细活塞……

注射器中，粗活塞在其上放置砝码的状态伸出去。

如果推动细活塞的力太小，粗活塞就会不动，但会产生对抗推力的反作用力。

缓慢加大推动细活塞的力，到砝码开始运动。从砝码开始运动，推动细活塞的力就不能减小。这种情况表明水从细注射器向粗注射器流动时，作用在活塞或壁上的反作用力不变。这个反作用力相当于压力。克服放置在粗活塞上的砝码重力，推出粗活塞的力就是此反作用力，换言之是“压力”。

力的单位用 1cm^2 面积施加多少 kgf 来表示。如果每 1cm^2 加 1kgf 的力则为 1kgf/cm^{2}㊀。

在美国或意大利使用表示每 1in^2 加多少 lbf 的 PSI㊁压力单位。

在 SI 单位中，任何国家都把“帕斯卡”Pa 作为压力单位。

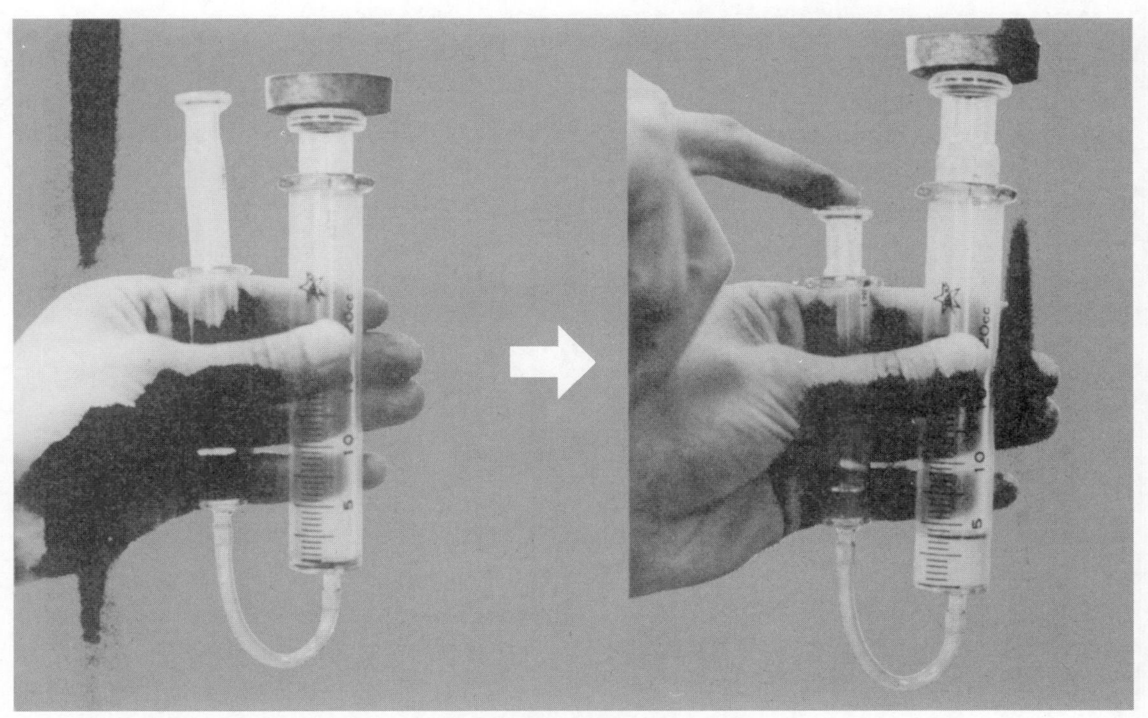

▲**克服放置在粗活塞上的砝码的重力，推动粗活塞的力是阻力——压力**

㊀ 1kgf=0.098MPa

㊁ 1PSI=1lbf/in^2=6894.76Pa

现在应该停止只把 1 个细注射器连接在 1 个粗注射器上的实验。

把细注射器增加到 3 个。塑料管采用何种连接方法需要动动脑筋。

实验方法是，细注射器为 3 个，水的注入方法等同前。

将 3 个细注射器中 2 个的活塞塞住并牢牢固定，每个活塞尽可能速度同样。使粗活塞和前面的实验一样运动，推出相同的长度。

接着只固定 1 个细活塞，把其余 2 个同时以相同的速度推入。被推出的 1 个粗活塞以最初速度的 2 倍推出 2 倍的长度。

进而把实验装置恢复到最初状态，现在用和以前相同的速度同时推进 3 个细活塞，粗活塞以最初 3 倍的速度推出 3 倍的长度。

使用“流量”这一术语解释此实验，同时把 2 个细活塞以相同速度推时的“流量”（或“排量”），是把 1 个细活塞以同样速度推时“流量”的 2 倍。3 个同时推时的“流量”是 1 个推时的 3 倍。

“流量”越大活塞被推出速度越快。

现在，在日本表示 1min 流出多少体积的单位为 L/min㊀（升 / 分）一般被用作“流量单位”。该单位只在法国或德国等不使用英语的国家使用。

在英国或美国等使用英语的国家，采用 GPM㊁（加仑 / 分）单位。

采用国际单位制的国家和采用码、磅的国家不同，结果带来了很多不便。因此在制定国际标准 ISO 时，把“SI 单位”规定世界各国都采用，所以在不久的将来这种不便会消除。

从 1 个细注射器推出的水量定为 5cc㊂，把细活塞顶到底需要 5s，则“流量”为 5cc/5s。

然而这种形式与其他流量相比不便，所以假定注射器更长，以同样速度在 1min 内连续推动，计算流量。60s 是 5s 的 12 倍，所以表示为 60cc/min 或 0.06L/min。

从而 2 个同时推的流量或输排量，为 0.06L/min 的 2 倍，即 0.12L/min。3 个同时推时为 0.18L/min。

计算液压泵的排量的方法与此相同。

㊀ $1L/min=1.67\times10^{-5}m^3/s$

㊁ 1GPM（英）$=1UKgal/min=7.58\times10^{-5}m^3/s$　1GPM（美）$=1USgal/min=9.09\times10^{-5}m^3/s$

㊂ $1cc=1cm^3$

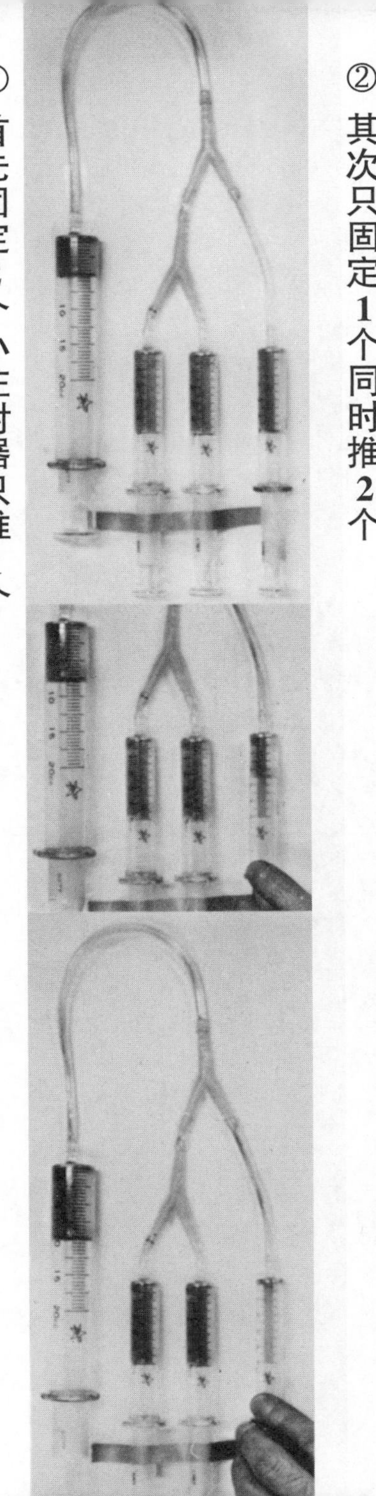

①首先固定2个小注射器只推1个

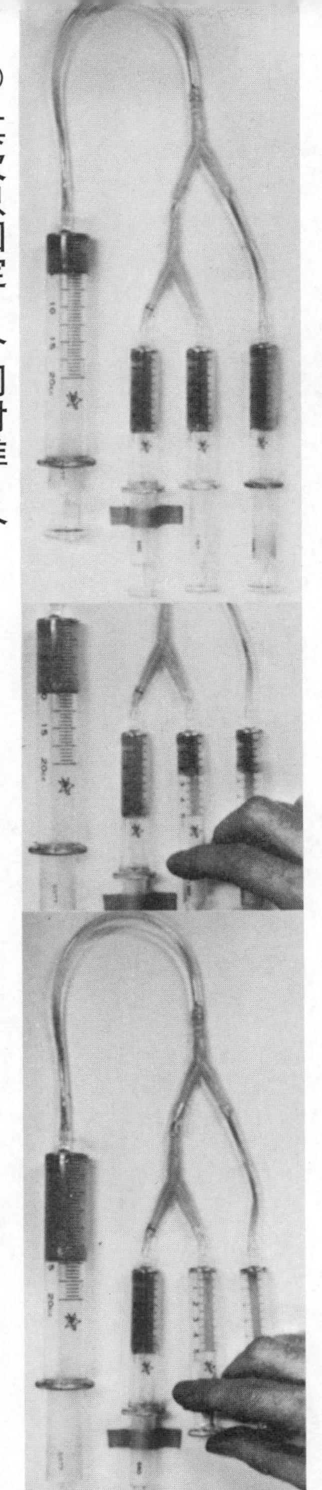

②其次只固定1个同时推2个

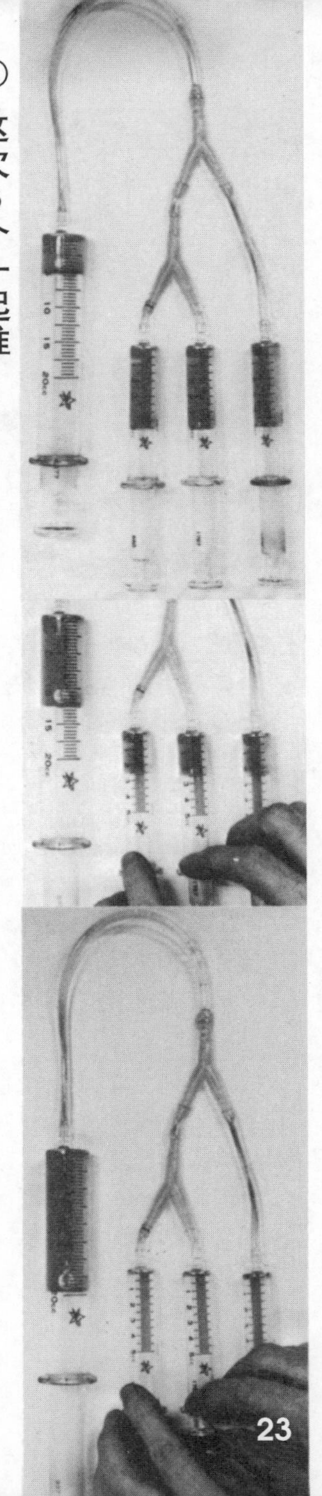

③这次3个一起推

在进行与液压有关的工作时，常常听到“粘度”或 viscosity 这样的术语。

常会听到“液压油的温度过低，粘度高，不利泵吸入”这样的对话。从感觉上讲，“粘度”可以说是“粘的程度”。

同样粗细、长度的管线里流液压油时和流水时其流动的难易程度不同，水比油容易流动。

之所以水比油容易流（反之液压油比水难流）是因为液压油的粘度比水的粘度大。

液压装置中使用的液压油，需要一定的“粘度”。

几乎所有液压泵或液压缸、阀门中，都在非常小的空隙内装有零件，而且这些零件以相当大的速度冲击。

液压油的粘度极低时，从这些空隙中流出的油量多，装置就不能充分发挥效力。

如果液压油的粘度非常大，泵的吸入能力下降。吸入泵的吸入量小于该送出液压油的量，会出现“空穴”现象。因此，必须选择、使用与该液压装置相应粘度的液压油。

用感性语言不能正确描述出合适的液压油，要以某种“粘度”，即用数值表示。

“粘的程度”用数值表现即粘度。

粘度有绝对粘度和运动粘度。可以这样说液体本身的“粘的程度”数值化是“绝对粘度”；“易流程度”或“难流程度”数值化是“运动粘度”。

液压油在管路流动时，确定了管路入口压力，计算流量是多少 L/min 时，用“运动粘度”。“绝对粘度”和“运动粘度”的关系是

$$\frac{\text{绝对粘度}}{\text{液压油密度}}=\text{运动粘度}$$

因此，单位用下式表示：

绝对粘度（η 或 μ）：泊（dyne·s/cm^2）

表示液压油粘度，泊的百分之一单位，

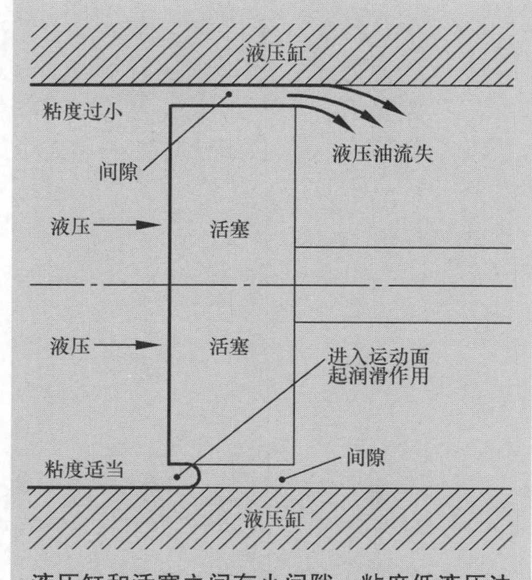

液压缸和活塞之间有小间隙，粘度低液压油会流失

▼各种液压油（A～H）粘度数据。温度上升到最大时，粘度下降

		A	B	C	D	E	F	G	H
相对密度 15/4℃		0.8661	0.8694	0.8717	0.8743	0.8746	0.8754	0.8817	0.8855
粘 度 cSt	37.8℃	24.0	35.7	47.3	59.8	77.3	93.3	130	174
	40℃	22	33	43	54	70	84	118	156
	80℃	6.6	8.9	11	13	16	18	23	29
	98.9℃	24.0	5.81	6.98	8.09	9.59	10.9	13.3	16.2
粘度指数		105	115	115	113	112	112	106	105

用厘泊（cp）表示方便。

运动粘度的单位是：

运动粘度（υ）：斯（St＝cm^2/s）

通常的液压油 1/10～3/10 斯者多，斯的百分之一单位用厘斯（cSt）。

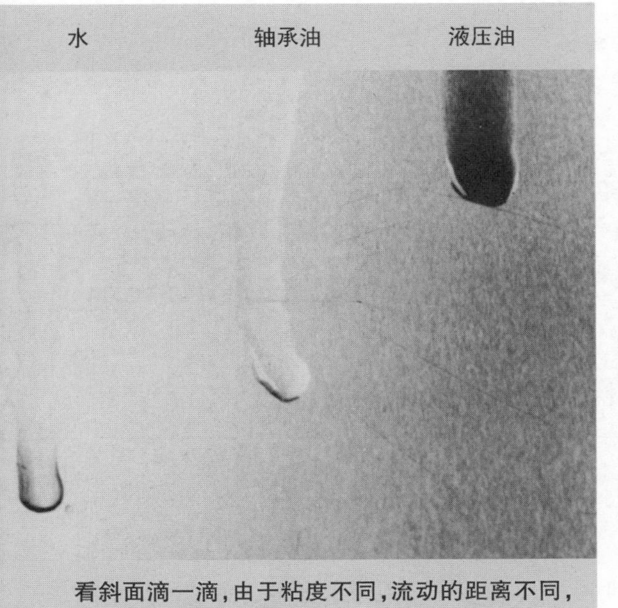

看斜面滴一滴，由于粘度不同，流动的距离不同，但也受表面张力的影响

各种工作流体

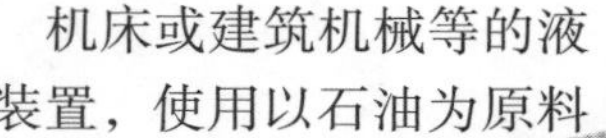

机床或建筑机械等的液压装置，使用以石油为原料的液压油。

而在炼钢厂的压延机械等容易起火的情况下所用的液压装置中，几乎都使用与水相近的不燃性的液压油。

液压油是在水中加入质量分数5%的乳化液，叫液压液更正确。也有在油中加入质量分数近40%水的。

使用随动阀时，以水为原料的液压油现在已经不再使用。与以石油为原料的液压油相比，以磷酸酯为原料的液压油不易燃烧。在容易起火的情况下使用随动阀时，应用磷酸酯系列的液压油。

因为宇宙火箭喷射口旁边会达到非常高温，不必说液压油连水也不能用，那里代替液压油的是用特殊的金属熔化成的流体。这是非常特殊的例子。在造船厂或港湾的机械设备中使用各种液压装置。另外，每年增加的海洋开发机械中也使用了很多液压装置。为了防止海洋污染，希望尽可能不用油，最好用海水代替液压油。至少这一领域的人希望不使用纯水。

这样看来，液压油啦，液压装置啦，带“油”字的术语就很难使用了。不过在不远将来，说不定会出现适当的日语术语。

液压装置的使用范围渐渐扩大，似乎与不用油而用其他流体相比，使用“油”的范围可以说还是最广的。

未来，机床的液压装置应该还是使用油。

使用最多的以石油为原料的液压油，根据原油获取的情况、生成油的情况，有不同性质。

作为精制生产液压油的原油，利用得最多的是石蜡基原油、北美的宾夕法尼亚州原油、印度尼西亚的苏门答腊岛原油等。

这种石蜡基原油制出的液压油，在工厂内或户外温暖地方使用，具有非常优越的性能。然而在北海道或西伯利亚等寒冷地带的户外使用时，随着温度降到冰点以下呈糖稀状，再下降就会呈冻结状态。

低温使用的液压油，用伊朗或沙特阿拉伯等地获取的混合基原油制造的最适合。

总之，在陆地上使用时能够预热运转，注意充分利用液压油就不会有什么问题。

然而，在冰点下的 –50℃或 –60℃高空飞行的飞行器就成了大问题。

使用特别制作的合成液压油，价格非常高，约是普通液压油的 5 ~ 6 倍，据说与日本酒的价格一样。

液压油

20 世纪初以来，石油精炼技术有了重大改进，以石油为原料的润滑油价格下降并容易获得，液压机构广泛使用“液压油”了。

到那时由于各种限制，“水”作为工作流体仍在被使用着。

0℃以下冻结、100℃以上开始蒸发、缺乏润滑性等诸多问题，是水压机械设计的难点所在。

以“液压油”代“水”使用，使许多问题都得到了解决，液压机构（油压机构）得到飞跃性的发展。

然而，“液压油”并不能解决全部的问题。与高压化、小型化等液压机构、液压装置高度普及化的同时，又出现了新的问题。

“液压油”既然不是万能，就需要仔细研究液压油的选择方法。

最近各石油公司也大力进行供给液压装置的液压油的研究、开发，他们可能成为良好的竞争对手。

在选择液压油时需要研讨的事项中，有很多要专门思考的问题。这里仅就一般情况下必须考虑的比较重要的几点进行说明。

●凝固点和粘度变化

像机床那种在工厂内使用的，几乎没有冰点以下需要特别考虑的问题，选择液压油时要查明通常使用状态下的温度，及在该状态下最适合的粘度。

严寒地带户外使用的某些建筑机械等，运转开始时的工作温度应在 −20℃或 −30℃，液压油的凝固点就成为问题。

一般情况下，根据该液压装置所使用的温度范围，选择 20 ~ 500cSt 粘度的液压油。

选择相对于温度变化其粘度尽可能小的液压油，换句话说即尽量选择粘度指数高的液压油。

●润滑性

摩擦面上油膜的厚度约 0.1μm 以上某种流体润滑的情况下，粘度和润滑性能有密切关系。而油膜厚度为 0.001μm 程度的边界润滑，粘度和润滑性的关系极小。

液压机器内部构成流体润滑的部分也很多，所以仅从润滑面考虑，粘度高的液压油好。

●防锈

液压机器内部通常是被油浸，所以金属加工面原状放置。要选有防锈剂的液压油。

此外，要有氧化稳定性、热稳定性、抗乳化性等，还要了解提高液压油寿命的必要因素。

润滑性

▲润滑性不好时电动机内部发生烧伤

防锈

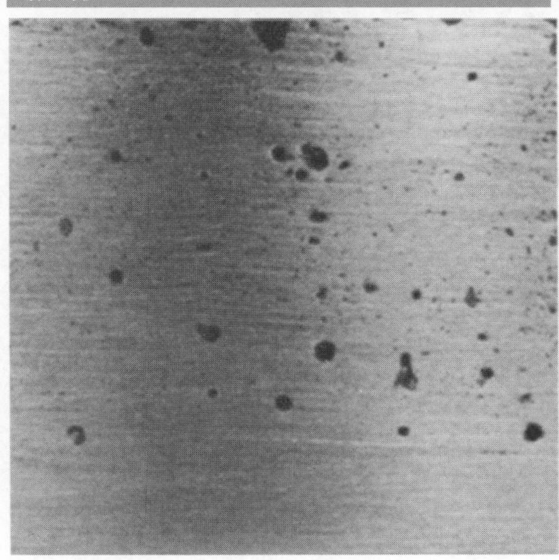

▲防锈不适当，生锈

热稳定性

▲在 120℃ 0.1h、96h、120h、160h 后（从左开始）的变化

此液压油性状显著变坏

大气压

地球的空气达不到月球。这个现在连小学生都知道的常识是17世纪明确的。大气压向上升（离开地球的程度）和下降的情况是通过帕斯卡实验说明的。

距今大约170年前，盖·吕萨克乘气球上升到7000m高度调查气温和大气的组成。地上的空气约占78%的氮和21%的氧，合计99%，其他气体（氩、二氧化碳等）所含比率极小。

盖·吕萨克在7000m高度调查的空气组成

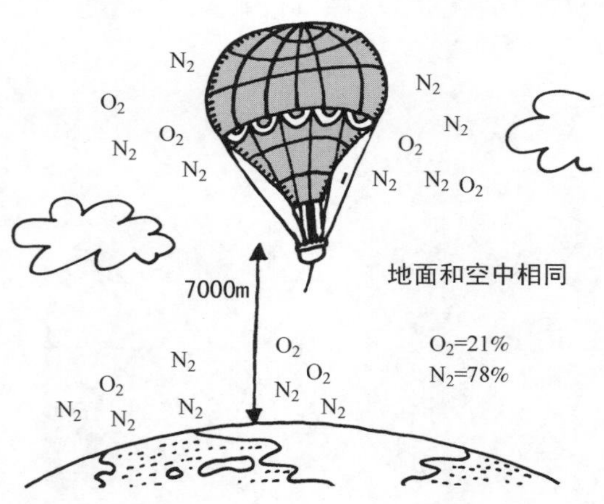

与地上空气组成几乎没有变化。

这样，详细了解了包围地球的空气组成和状态，就能通过正确计算求出空气重量。于是明确了地上每$1cm^2$，大气大致以1kgf的力压着。

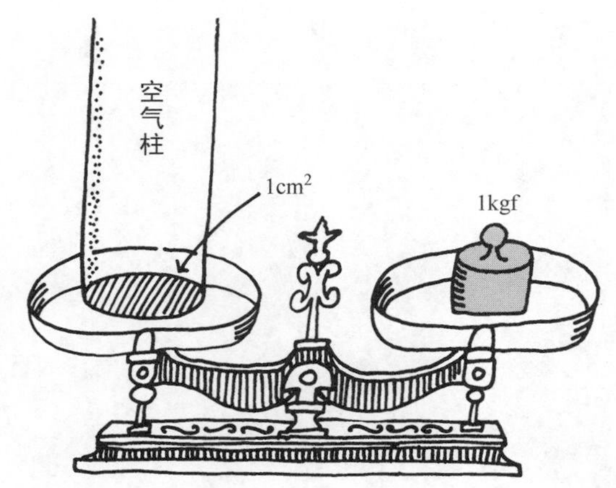

假定把底面积为$1cm^2$的空气柱能从大气中分开，该柱的质量大致为1kg。底面积$1000cm^2$的柱，则为1000kg即1t的大气柱。

地球上任何物体每$1cm^2$都承受着1kgf（1气压）来自大气重量的力。

在液压装置上使用的压力计，是测量压力高出或低于大气压的程度计量仪器。这种计量仪器测定的压力称为“表压”。

另一方面，用气压计测量的压力即是以真空为0点时测量出的压力，称为“绝对压力”。

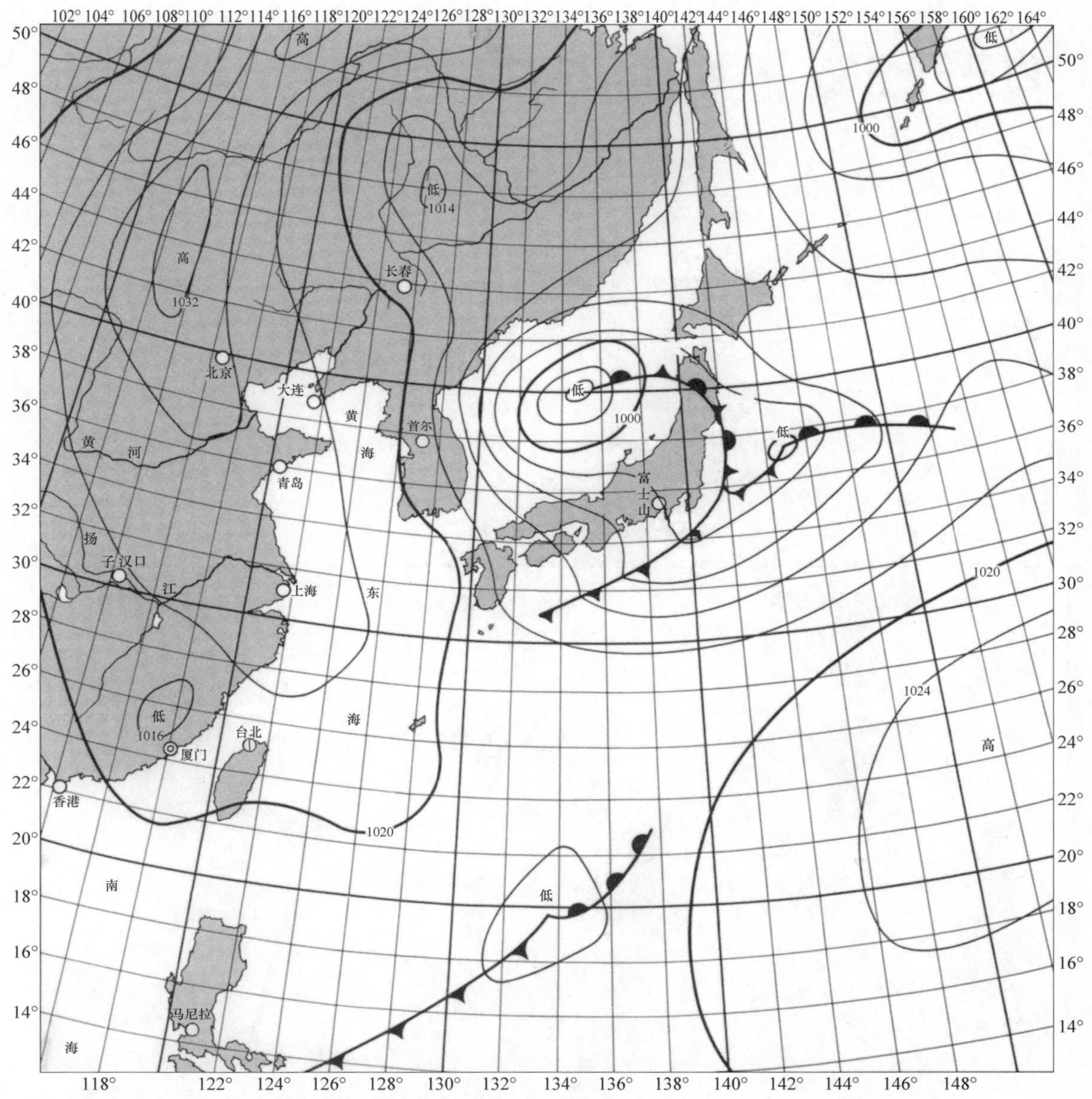

▲气压以真空为 0 点测量出的压力称为“绝对压力”

玻璃咖啡壶的压力实例

冲咖啡的方法非常多。咖啡店营业冲制时，为了一次准备好 10 人份、20 人份，用滴落式咖啡最适宜。精明的店主把刚刚冲完的咖啡倒入雅致的杯子中，看上去时尚且别有风味。

最近咖啡店使用滴落式咖啡的情况越来越多。确定好咖啡末和水的使用量，无论谁冲制都能得到可口的咖啡。滴落式咖啡可以做 5 或 6 人份的，每次点餐后都能冲出很好的味道。

下图最前面冲咖啡照片是将咖啡粉和水配比好，点燃酒精灯，在一定时间内使水加热的同时开始产生蒸汽。

加水的玻璃球内部是密封的储存腔，与上面有咖啡粉的腔用玻璃管连接，玻璃管尖端伸到储水腔的底部。管的尖端达到储水球最

① 用酒精灯加热产生蒸汽

② 水沸腾，水在蒸汽压力下开始被压到上腔

③ 水被不断地压上去

低点是冲用咖啡的辅料。

使水进一步加热，继续生成蒸汽，下球内未充满水的空间被蒸汽填充。蒸汽压力上升到高于大气压力。

有咖啡粉的上腔没有顶盖且与大气连通。下腔空间的压力，即水表面的压力高于上腔压力。

照片②是将咖啡加热到适当温度时，水在此蒸汽压的作用下，向上腔移动。

再继续加热，大部分水转移到上腔，覆盖了咖啡粉，这是照片③、④步。这种现象是由下腔封闭蒸汽无处排出引起的。

下腔不密封时，在水上部空间的压力不上升，无论加热多长时间，水仅仅成为蒸汽排出。

下腔空的时候，将酒精灯熄灭。下腔的温度随着热的传导而迅速下降。

温度下降后，蒸汽压也下降，由于水向上腔移动后，下腔水的体积减小，故下腔的压力低于大气压力，所以冲好可饮的咖啡正好落到下腔中。

水开始上升时的蒸汽压和温度的关系、水的温度和味道的关系等，都是值得研究的问题。但是，此玻璃咖啡壶利用压力的方法却是独一无二的。

④ 水被压上去，下腔充满蒸汽

⑤ 熄灭酒精灯，蒸汽减少，咖啡落下来

⑥ 可以饮用的咖啡就做好了

人流——紊流和层流

以东京为例，大都市早晨的车站常常挤满了来来往往的人。如能在早高峰开始前30~40min出门，就能轻松地上下公交车或乘地铁。然而这很难实现，现实是每天早晨都在人山人海中消耗大量能量。

要到远处出差，必须要稍稍早点离家，会发现以往早晨的混乱情况不再了，代之以难以置信的顺畅。在人流中步行，不论何时都没有从侧面或从后边被推或被撞的情况发生。人流里也不出现漩涡，更不会绕远，每个人能按自己要去的方向自由地前行。

在水或油等的液体中也会发生同样的现象。

透过管壁观察某管道中流动的液压油，在到某种大小流量（流速）之前，几乎不会出现漩涡等现象。液压油沿着管的形状，不分层地、顺畅地流动。不出现前后左右冲撞、挤压在一起的现象。

然而如果缓慢地增加管路中液压油的流量，当流量超过了某一大小的限度时（流

▲在通向站台的通路上，人流以一定方向、一定速度向前移动，没有从侧面从后面被推被撞的情况发生

速），就会突然出现漩涡或方向转变的现象。

管中拥挤时，同人从站台挤向要乘坐的电车的情况很像。流体流动时顺畅不起层的状态称“层流”。

流体发生漩涡、方向转变、乱撞的流动状态称“紊流”。

如从液压装置管路处不能看到管内部的流动情况是“层流”还是“紊流”时，为了大致确定流动情况可以利用“雷诺系数”来确定。

观察管内液压油的流速和粘度（运动粘度），使用雷诺发明的计算公式计算时可以得到“雷诺系数”。

该系数如果总小于2000，可推定其为“层流”。如果该系数远远大于2000则可推定其为“紊流”。

在液压装置中，一般希望把管内液体的流速控制在4m/s或6m/s以下。因为这是管内不产生太大的压力损失（能量损失）所必须的条件。

紊流与层流相比，“压力损失”非常大。因而选择液压装置的管路时，要使之不发生紊流。

▲人们挤满了整个站台，电车门一打开，乘客便蜂拥而至，每个门口都会出现人流的漩涡

水压配送公司

工业革命开始时的英国，造桥工程、造船厂的起重机、电梯等需要强大的动力元件。

那时不像现在电力如同空气一样在任何地方都能获得，在距今一个多世纪的1870年，尚未达到技术开发的高潮。1885年，在布达佩斯博览会上有1000个电灯发光。1886年，威斯汀豪斯公司研究出了交流电（1000V、133Hz）的配电实用技术。

像现在这样随意地利用电力，在100~120年前是不可能实现的。

1812年，在法拉第阐明了有关电的原理之后大约20年，布拉马申请了有关水压配送的专利。

在该专利申请65年后（1877年），埃林顿在伦敦设立了水压配送公司成功地使用6in管材铺设了约4km的管路输送高水压（50个大气压）的动力。

此后水压配送公司的发展受到电力公司的限制，并被电力公司的快速发展所压倒。

20世纪20~30年代迎来了水压配送发展最盛的时期，高水压配给管路以泰晤士河为起点，长度达到了300km。水压为60个大气压，可带动8000台机械装置工作。

像从电力公司购买电力那样，也可从高水压配给公司买入水力来驱动电梯和起重机。

到第二次世界大战中伦敦受到轰炸破坏为止，高水压作为大型的输出功率大的机械使用方便的动力元件，得到广泛应用。

高水压不仅作为大型机械的动力元件，而且也应用在清扫机械和消防栓处。其中最有意思的就是被称为“安静清扫者”的清扫机械，这个应用实例可以说是独一无二的。

在法国巴黎的情况也一样。为纪念1900年巴黎万国博览会所建的著名埃菲尔铁塔的升降机即是用水压作为动力的。巴黎的水压配送公司现在也不存在了，但可用其他动力产生水压，当时使用的巨大的液压缸，现在也仍在利用水压驱动升降机。

日本曾研究过设置高水压配给管路，但和电力比较，最终没有实现。如果那时实现了，那么水压或液压装置就应用更广且更容易理解了。

日本使用水压的时间很短，可以说液压时代是突然到来的。因此，一般将液压称作HYDRAULICS。阻碍液压机构或装置发展的障碍已不存在，液压技术得到了飞速发展，但水压机械仍应用很少。

▲埃菲尔铁塔上的升降机和大型的液压缸

泵

吸入机构

在往透明的玻璃杯里倒入葡萄汁，再加入冰块，你一看就会感到很凉。但由于冰块干扰你很不容易直接喝到美味、凉爽的果汁。

这时如果准备了吸管，就会很方便了。

把吸管插到接近玻璃杯底，另一头用嘴吸时，不受冰块影响，就能只喝凉凉的果汁了。

把吸管插到果汁里时，吸管插到中间就被果汁灌满，剩下部分充满空气。

再详细点儿描述这种状态，就是杯中果汁的表面大概受到1个大气压的作用，吸管中果汁的表面也受到同样的大气压力，因为吸管中的空气和大气是相连的。

要喝到果汁，就要将吸管内的空气与大气隔离。于是利用肺和嘴配合吸入吸管中的空气，嘴中、吸管中的空气就变得非常少，低于外界大气压。

即吸管内果汁表面的压力比杯内果汁表面的压力小，力的平衡受到破坏。于是吸管内果汁表面因受杯内果汁表面的大气压力相对变小，而被上推，最终被吸到我们嘴里。

一定量的果汁积存到嘴里时，停止呼吸（肺部停止动作），嘴里不再吸进更多的汁之时，就可以将嘴中的果汁喝下了。“啊，好喝!”

这种用吸管饮用果汁的方法，可以说与液压泵及其他任何种类的泵的“吸入”的原理相同。

概括讲就是：

在储存容器（例如油罐）里储存的液体表面施加大气压，将该液体用中空管等与别的容器相连接，该中空管和别的容器为封闭状态，与大气完全隔离进而使容器内压力比大气压低。用储藏容器中液体表面的大气压力，把液体从储藏容器经中空管吸进去。

以上是对“吸入”现象的说明。假使有的结构中能一直保持容器中的压力比大气压低，液体就会被压入就能够连续吸取液体。

泵是把吸进来的液体连续地送出到其他地点，并始终保持该容器压力比大气压低的设备。该容器中的压力和大气压力之间的差越大“吸入力”就越强。

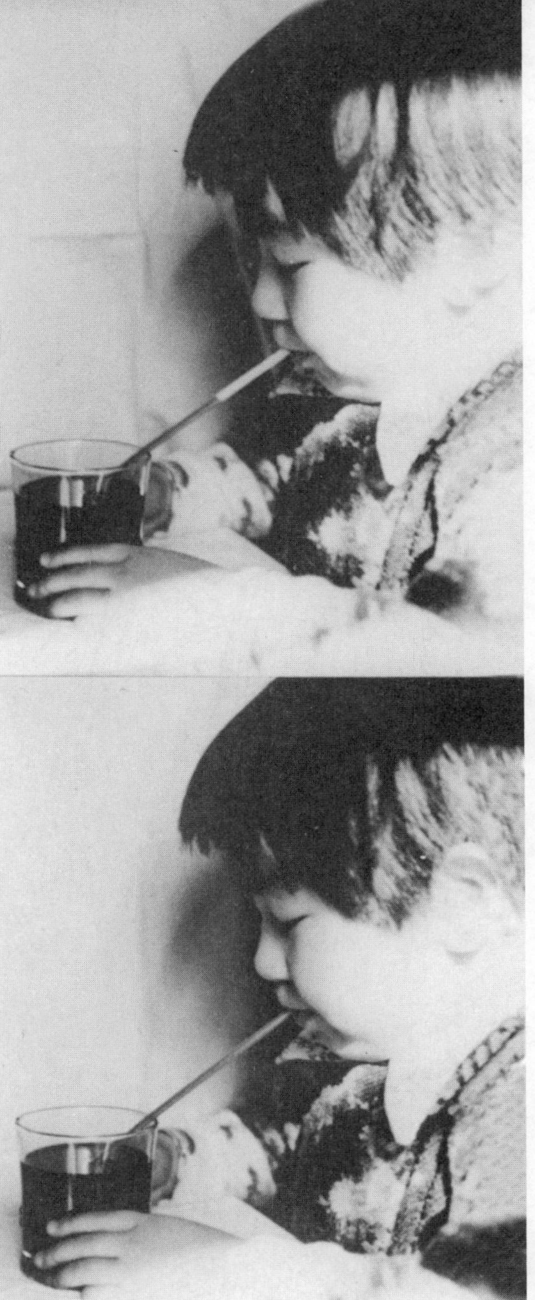

▲靠大气压力差来吸入

液压泵

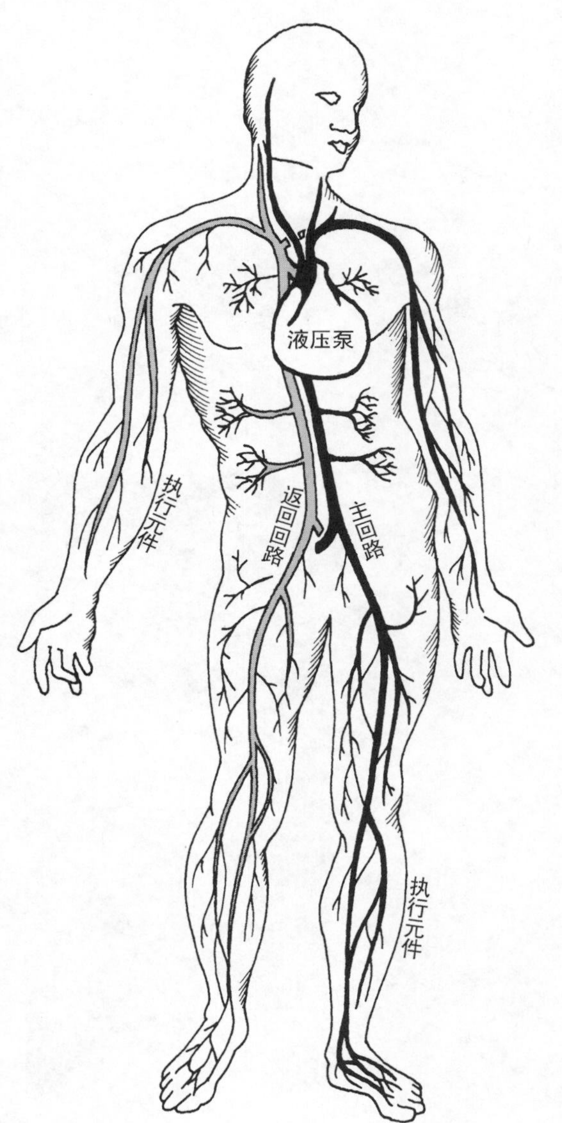

▲液压泵与心脏的作用相同

提升井水的扬水泵、从汽油箱向发动机送燃料的燃料泵、从煤油缸向暖炉里注入煤油时使用的塑料泵等，都属于泵。

液压泵与这些泵的显著不同之处在于其使用方法。

扬水泵或燃料泵的作用是用于把水或燃料等液体从储存场所运送到应用地点。因而泵只要能够承受使液体从一处流向另一处时必需的压力就行。没有必要像液压泵那样必须能承受高压。

液压泵仅把油罐内的液压油运送到执行元件并没有完成任务。

在把液压油强制送入液压马达或液压缸，克服从外部施加到液压马达或液压缸的力的同时，液压泵还要使液压马达旋转、使液压缸伸缩才算完成任务。

使用完的液压油还要再返回到油罐中，等待进行下一步的工作。

这样看来，液压泵在液压装置的作用可以说与人体心脏相似。归根到底，液压装置的主回路（也叫压力系统，使液压油流向执行元件的回路）是动脉，返回回路是静脉。

这样，液压泵和其他泵一起形成使用目的不同的一系列泵。液压装置的应用领域极大。液压泵包含着种类或形式多样的各种泵。

对于飞机上的液压装置来说，任何零部件都必须轻而且小，即便生产成本有些提高，也要使用高速旋转、性能好的液压泵。

一般工厂设置4极或6极电动机驱动的液压泵，可以以1750r/min或1200r/min的旋转速度转动，尽量在不低于额定转速的50%的速度下使用。但，它的成本是限制其使用的重要因素。

此外，必须使运转中的噪声小，并且还要根据使用目的压低生产成本，需根据应用场合选择合适的液压泵。

大多数情况是在比较几种泵或其技术条件的基础上，确定用于该装置的液压泵的种类和形状。

这样，通过对应用场合，种类及以上必要条件的分析，一般的泵和液压泵有根本性的不同。

液压泵的

现在，液压装置中使用的液压泵中，应用广泛的以齿轮泵、叶片泵、柱塞泵三种类为代表。

●齿轮泵

分为外啮合式和内啮合式两种。内啮合式齿轮泵又分隔板型或次摆线齿形等。

比起叶片泵，齿轮泵可以说是结构简单、零件数少的液压泵。因此，其生产成本低。

但是与其他两种液压泵不同，齿轮泵的排量不可变（以一定旋转速度转动时能自由变更排量）。

●叶片泵

叶片泵分为双作用式（又称平衡型，使加给轴的载荷均等的类型）和单作用式（变量型）。双作用式叶片泵不能改为单作用式叶片泵，但其应用压力比单作用式叶片泵高，一般是这种类型使用得多。单作用式叶片泵只在有特殊要求时才用。

●柱塞泵

柱塞泵中应用较多的是径向柱塞泵和轴向柱塞泵。此外还有其他多种类型（见第54页）。

在此介绍的三种常用液压泵之中，结构最复杂零件数量也多的是柱塞泵，因而其制造成本也高。不过作为液压泵，柱塞泵具有许多卓越的性能，是其他两种液压泵不能相比的。

如果可以不考虑成本这一点，可以说柱塞

斜轴型柱塞泵

① 齿轮泵

② 叶片泵

③ 柱塞泵（活塞泵）

④ 其他

种类

泵是最适合在液压装置中应用的泵。包括在非常高的压力下使用的液压泵，可改变排量的液压泵，噪声小、寿命长的液压泵等。

柱塞泵也被称为活塞泵。在 JIS（日本工业标准）中把对柱塞直径与长度之比明显长的称为柱塞泵，有所区别。

●其他

特殊泵有螺杆泵，它把吸进的液压油通过旋转螺杆啮合部的牙槽送出，适用于低、中压，排量一定的场合。

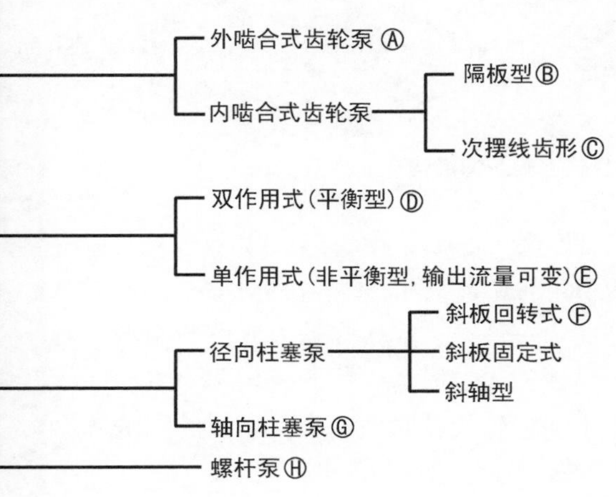

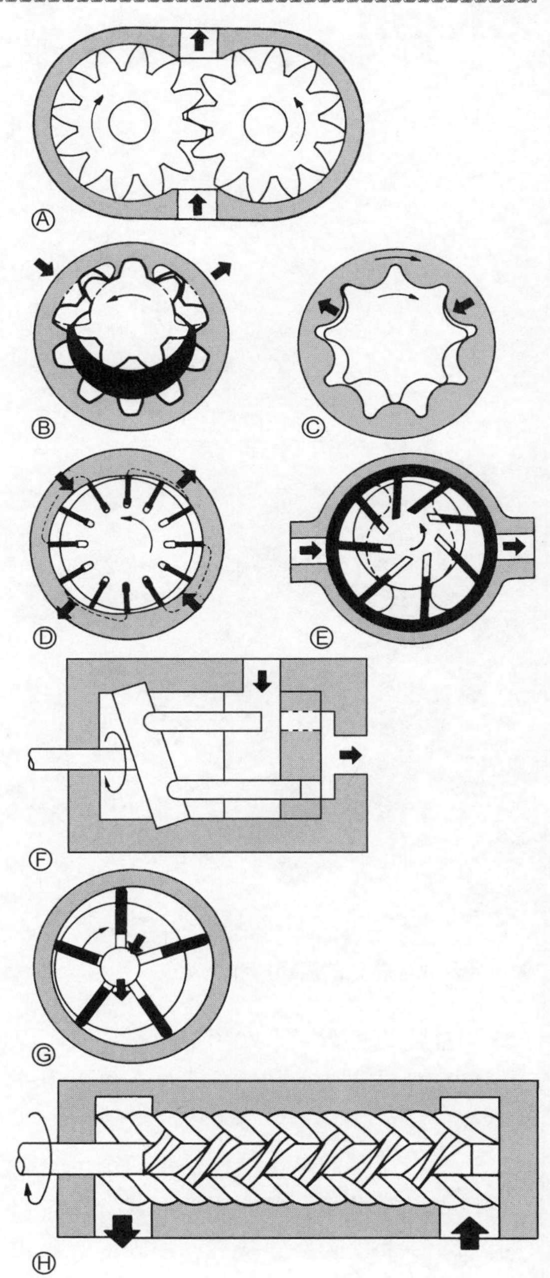

外啮合式齿轮泵

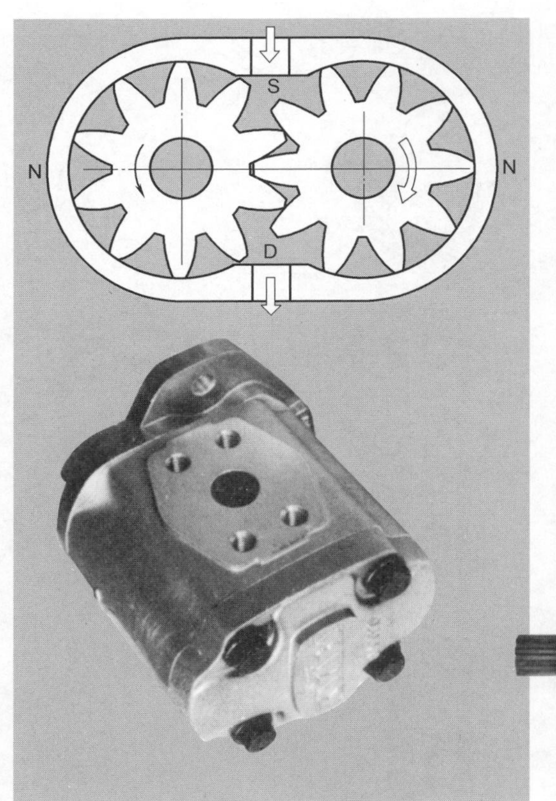

▲外啮合式齿轮泵的原理图和外观

▲外啮合式齿轮泵的结构（此为双联式）

当前建筑用车辆、农用拖拉机、叉车等车辆的液压装置中所使用的泵中，可以说外啮合式齿轮泵最多。

这类液压泵的基本结构是把两个齿轮装在内部的简单装置，其应用的形式有像右侧照片所示的将两台泵连接在同一轴上的双联泵，也有连接三台液压泵的三联泵。

两个齿轮中的其中一个与驱动轴（输入轴）连成为一体，被连接在动力元件的输出轴上。与该输入轴成为一体的齿轮称为主动齿轮。主动齿轮旋转时使啮合在一起的配对齿轮也旋转，该齿轮称为从动齿轮。

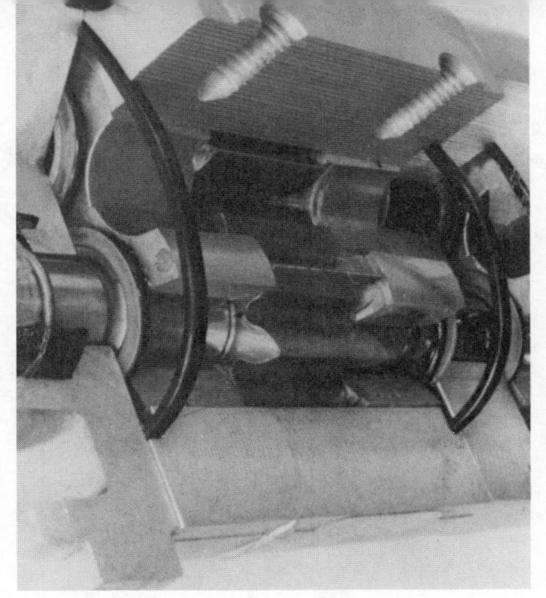

▲齿轮两侧是侧板，黑色轮是油封装置

这两个齿轮的两侧面由罩的侧面，齿顶部由罩的圆筒部严密包着，内部泄漏量非常小。虽然内部泄漏量非常小，也不能忽略摩擦部的润滑，不可把内部泄漏量当成零。

在这种情况下，使齿轮向图的标记方向旋转时，两个齿轮在S的部分把液压油吸到空隙间，通过N运到D部。

周围外壁将液压油严密地包裹在其中，并保持不泄漏，可以认为从S部通过两侧的N部成两股送到D部。到达D部时，齿轮再度开始啮合，对方的轮齿能进入充满液压油的齿隙间。齿槽部分与对方齿顶部分啮合，将那里的液压油挤压出去。被挤出的液压油受到接连不断送来的两股液压油的推动，将液压油从D部输送到外面进入液压系统回路内。

这样，从外啮合式齿轮泵的泵作用来看，可以说在S部把液压油吸到齿隙间运到D部后输出，再次返回S部反复吸入液压油。

早期的齿轮泵，齿轮的两侧面周围设有固定的泵壁。因而泵壁和轮齿的侧面间隙过小而使润滑不好，会发生“烧坏”“咬住”的现象，使泵损坏。

为防止烧坏和咬住，在D部压力低时也需要适当增加间隙。因此，D部一旦形成高压，液压油就从空隙中漏出，作为内部泄漏到S部后返回。齿轮泵有一段时间曾被作为低压泵使用。

此后，采用活动的侧板结构，开发出了利用D部液压把侧板加在齿轮侧面的方法(参照下图)。D部的压力小时压住侧板的力也小，压力高时压住侧板的力也大。还有新开发的保持内部泄漏量正常的“轴向加载”和“压力平衡”的结构。

由于这种新结构的开发，外啮合式齿轮泵能够在280kgf/cm^2(4000psi)的高压下使用了。

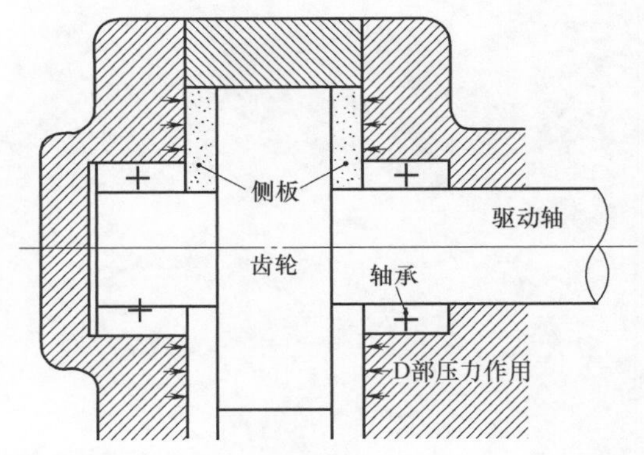

▲轴向加载及压力平衡结构

内啮合式齿轮泵①

采用隔板的

在内啮合式齿轮泵中使用比较广泛的是采用新月形隔板的和次摆线齿形的齿轮泵。它是液压泵中噪声较小的，今后使用范围将会更大。

本页首先介绍有隔板的内啮合式齿轮泵。

如图所示，由一个外齿轮（A）和一个内齿轮（B）构成，两个齿轮在E部分啮合。

齿轮（A）齿顶圆直径（外径）比齿轮（B）齿顶圆直径（内径）小。从而使A和B齿轮的中心存在一定偏心量。

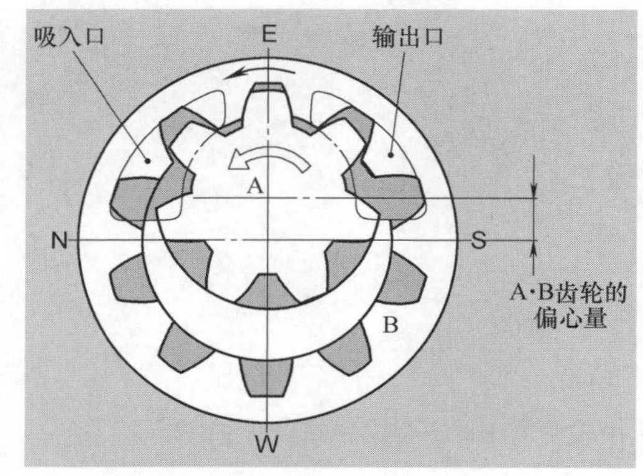

▲有隔板的内啮合式齿轮泵的原理图

泵的输入轴与内侧的齿轮（A）装配成一体。

齿轮的两侧面用侧板密封，使得侧面的泄

▲有隔板的内啮合齿轮泵的结构，左侧两个肺脏形的孔是吸入口（左）和排出口（右）

漏量非常小。

现在来讨论齿轮（A）向图中标记方向旋转的情况。随着从 E 位置向 N 位置靠近，对方齿轮的齿顶部不断插入轮齿的齿槽中，再从齿槽中抽出。换言之，由两个齿轮所形成的密封腔的体积在接近 N 的位置处变大。因而如果把液压油的吸入口放在 E 和 N 中间，就同吸入原理中说明的那样，能将液压油从油罐中吸入。

在 N 位置轮齿完全不啮合。把齿槽中充满的液压油带到输出侧，即从 N 通过 W 到 S 之间，齿槽间必须形成密封腔。

所以在 N 通过 W 到 S 处放置新月形隔板，使齿轮（A）及齿轮（B）双方的轮齿相接触。

齿轮（A）的齿顶摩擦新月形隔板的内侧曲面，齿轮（B）的齿顶摩擦新月形隔板的外侧曲面。分别把齿槽形成密封的腔，使液压油不泄漏。

过了 S 位置再运转时，两个齿轮再次开始啮合。对方的齿顶部进到齿槽部，齿槽中充满液压油的空间随着接近 E 而变小。

把排出口放在 S 和 E 的中间，从两个齿轮的齿槽间排出的液压油被连续地送出。

在 E 的位置处，齿槽间的空间变得更小，继续旋转时起吸进作用。当然，齿轮（A）和齿轮（B）的旋转速度，与其齿数比对应，齿轮（A）的速度加大（高速）。

有隔板的内啮合式齿轮泵的工作

内齿轮17齿·外齿轮13齿

内啮合式齿轮泵②

次摆线齿形的

次摆线齿形的内啮合齿轮泵一般称作“次摆线泵”。该泵如原理图所示，由次摆线齿形的外齿轮 A 和内齿轮 B 构成。两个齿轮的两个侧面由侧板密封。

齿轮 A 的齿数仅比 B 的齿数少 1 个齿。E 的位置是，齿轮 A 的齿顶和 B 的齿槽底对齐时，由两个齿轮所形成的最小的空间处。

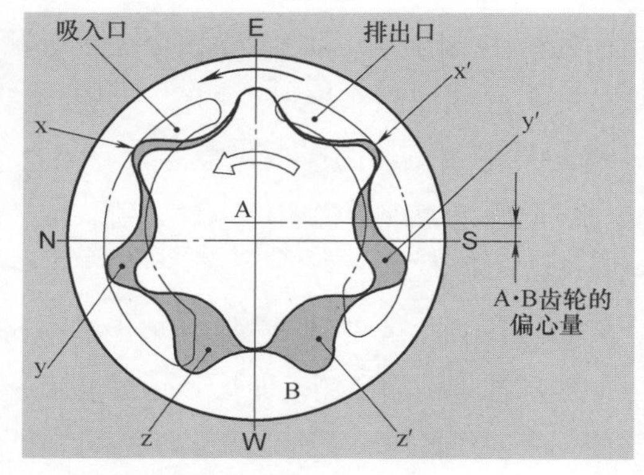

▲次摆线泵的原理图

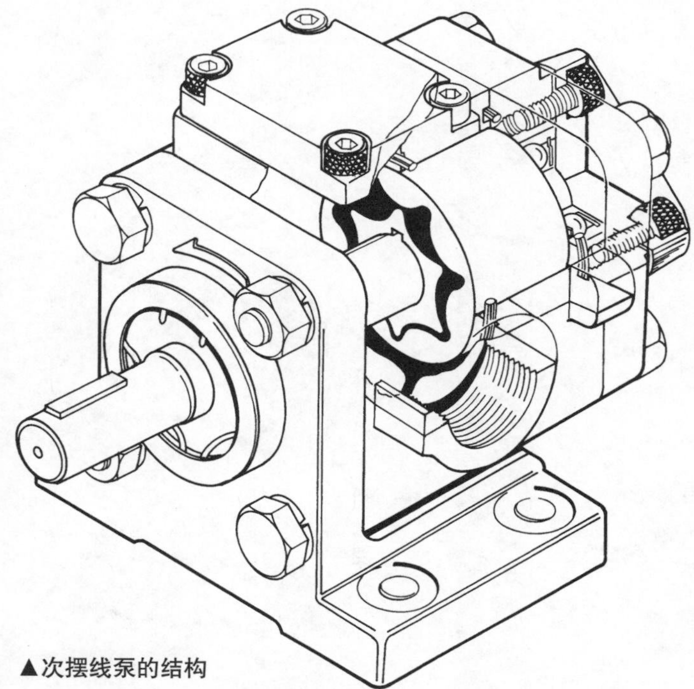
▲次摆线泵的结构

齿轮 A 和齿轮 B 的偏心量如图所示，齿轮 A 成为泵的输入轴。设置成这样的关系：输入轴驱动齿轮 A 旋转，与之啮合的齿轮 B 也旋转。

现在齿轮 A 开始向标记方向旋转，使齿轮 B 也向标记方向旋转。然而因为齿轮 B 比 A 齿数多 1 个齿，所以旋转得稍稍慢一点。

如原理图所示，齿轮 A 的齿数是 6，齿轮 B 是 7 时，A 转 1 周 B 只转 6/7 周，A 转 1 周返回到 E 位置时，与之啮合的 B 的齿槽相当于处在最初啮合齿槽前面 1 齿的齿槽。就是说齿轮 A 转 1 周仅仅超过齿轮 B1 齿的关系。

这样，随着旋转的进行，齿轮 A 一点点超过 B，因而 A 和 B 形成的空间，最初只有图中 x 的大小，随着从 E 通过 N 向 W 位置移动，从 y 向 z 渐渐变大起来。

若从稍微超过 E 位置的地方通过 N 到 W 稍靠前的位置之间设置吸入口，则能使之起吸入作用。

W 的位置形成齿轮 A 恰好仅超过 B 1/2 齿的关系，两齿轮的齿顶彼此接触。此时的空间 z 为最大体积，意味着吸入作用结束。

超过 W 进一步旋转，由两个齿轮形成的空间从 z 到 y、从 y 到 x 一点点地缩小。该空间缩小，由于将那里充满的液压油排出，故在 W·S 及 E 之间设置排出口，能送出液压油。

超过 E 位置时，由于再次开始吸入作用，反复连续吸入排出而起泵的作用。

和其他齿轮泵比较，内啮合式齿轮泵的吸入或输出作用几乎在半周相等的较长区间进行。保持液压油空间的大小是连续变化的，不是急剧变化的，所以具有连续性渐变的特征。可以说，这一特点是实现低噪声的重要结构特点。

次摆线泵中齿轮的工作

内齿轮8齿·外齿轮7齿

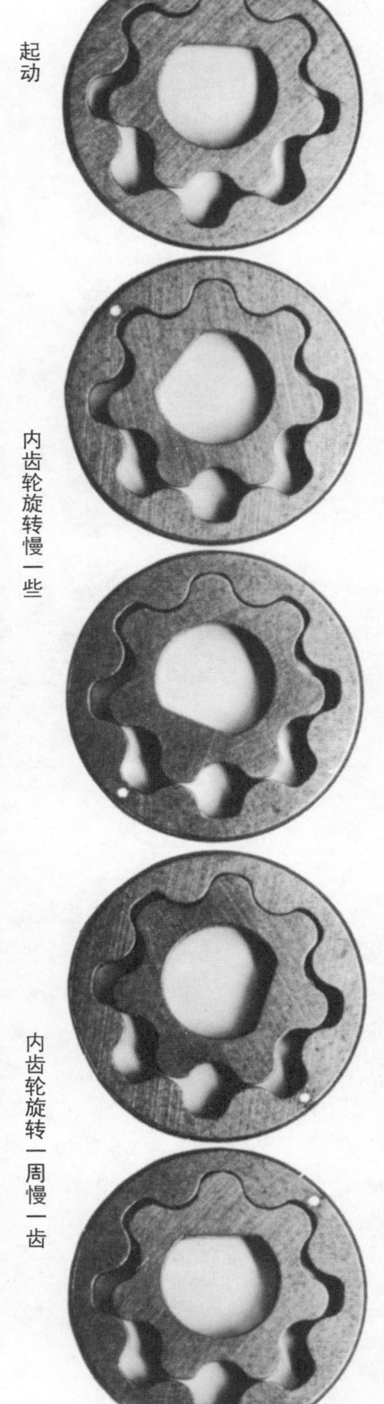

叶片泵

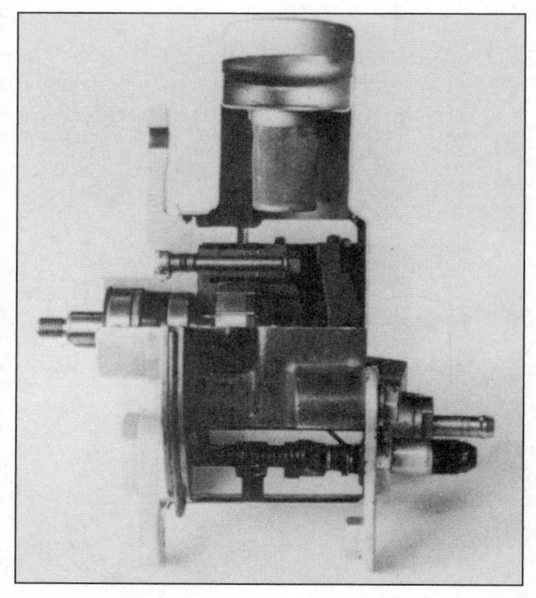

在机床和汽车的液压装置中，叶片泵是使用得最多的。

与齿轮泵等相比，叶片泵运转中的声音人的耳朵更容易适应，而且制造费用比柱塞泵大大减少。还有一个原因是，在 100 ~ 150kgf/cm^2 压力下都可以使用，在市场上销售的数量最多且容易取得。

其内部结构如图 1 所示，在圆板形叶轮的外周插入数个叶片，将其放入定子内部，使叶轮的中心与定子的中心处于偏心状态并使之旋转。

叶片由叶轮中心向外伸出，叶片的前端与定子的内表面紧接，经常在弹簧和液压作用下从内侧挤压。

对于叶轮、叶片及定子的侧面，两面同时用侧板紧紧包住。

在这种状态下，让叶轮向标记方向旋转。在 N 位置处，被推进到叶轮槽的最深处的叶片，随着旋转能按顺序向外伸出。

由定子、侧板、叶片、叶轮所形成的容积，随着旋转而增大。叶片转到 S 的位置时，空间容积达到最大。在此空间容积渐渐增加时，从泵的吸入口吸进液压油。

超过 S 的位置后，再次返回 N 位置，空间容积渐渐减少。从而使空间中的液压油强制从输出口排出。

使这种作用连续反复进行，叶片泵就可以作为液压泵使用。即使旋转速度不变，改变叶轮和转子的偏心量也能使排量变化。

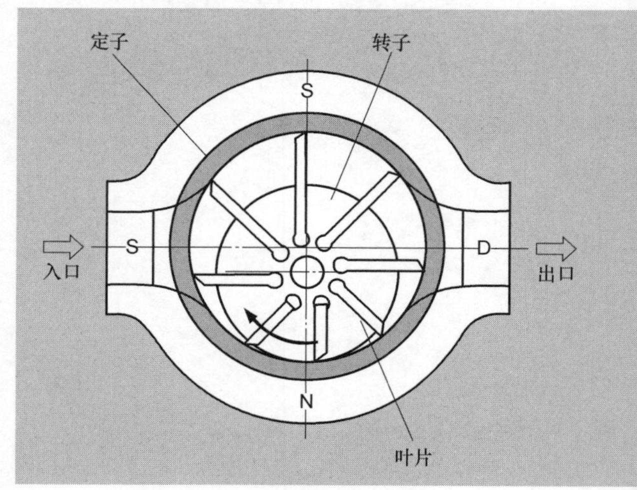

图 1　叶片泵的原理图

然而如图1中的结构所示，吸入侧的压力常为负压，输出侧的压力总是高的。从而使液压油总是从图的右边向左边推，压力提高过大，支撑叶轮轴的轴承所施加的偏心力也非常大。

在不小于 $70kgf/cm^2$ 的压力下能使用的叶片泵，结构如图2所示。

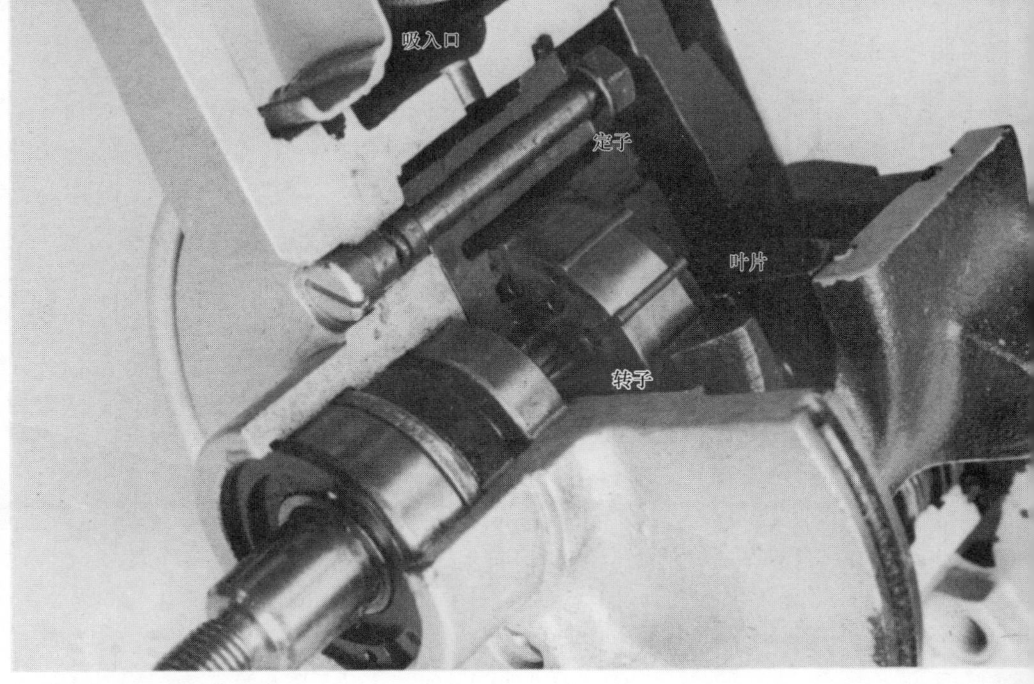

▲剖分开的叶片泵的内部

其叶轮和叶片的关系虽和图1相同，但定子如图那样制成椭圆形。叶轮和定子之间无偏心。

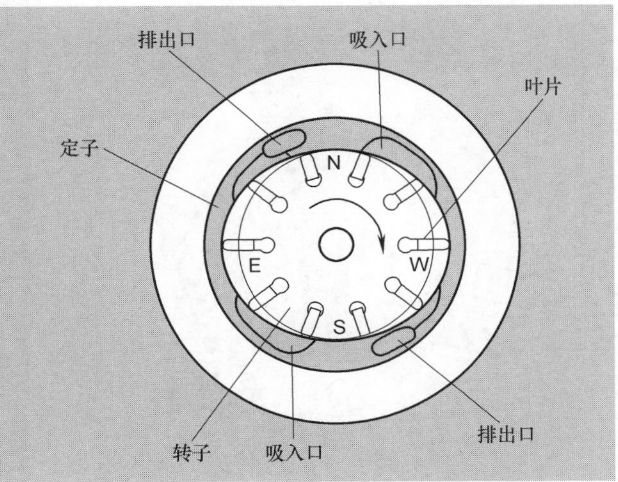

图2　高压叶片泵（双作用式）**的原理图**

在N到W之间设置吸入口，在W到S之间设置输出口，在S到E之间设置吸入口，再在E到N之间设置输出口，让叶轮向标记方向旋转。接触到N的叶片在转到S之间时，进行一次如图1所示的动作，在从S到N之间又进行一次。因为恰好在对称的位置上有相同大小的高压部分，所以受力相互抵消，叶轮轴的轴承上没有施加在一边的力了，能用于高压场合。因为使加在轴上的载荷为平衡力所以又称为“平衡型叶片泵”。

手压泵

柱塞泵中最常见的形式是安在千斤顶上的手压泵。用杠杆使一根柱塞往复运动进行液压油的吸入和输出（泵作用）。

柱塞上拉时起吸入作用，和用注射器从药瓶中吸药液的操作一样。

使用注射器时，把药液适量吸入注射器内，从药瓶拔下吸入口的针头。于是在另一处，把吸入口的针头插进人体的血管和肌肉里，克服血压和肌肉的阻力，在针尖孔的排出口将药液强制打入。

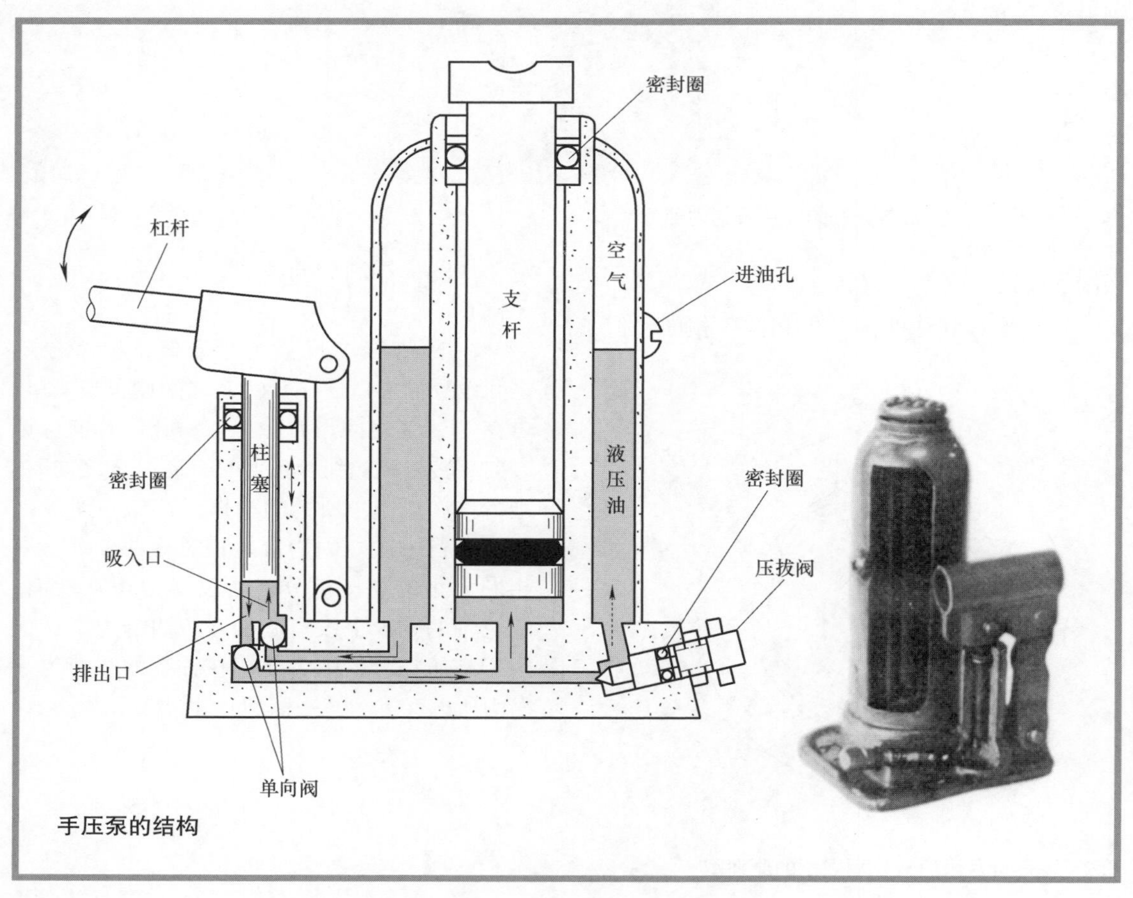

手压泵的结构

不过液压泵是吸入行程和输出行程分别进行，避免注射器那样用一个口的不便。即使用方式不变，而让吸入口和输出口分离。

吸入行程是排出到千斤顶处的液压油，不再向泵内逆流，使单向阀。

吸入行程，以单向阀为界，千斤顶处的压力增高，泵处压力降低。在液压油压力的作用下，提升阀或钢球会将阀座面孔堵住，将油路完全阻断。

这与单向车道类似。在这种情况下，在一侧出口处加上自动门，如有从出口逆向进入的车，自动门会在车到达之前关闭。

液压千斤顶向上举重物时，即使手压泵从排出行程变为吸入行程，由于单向阀的作用，液压油也不会流出，所以千斤顶能保持一定的高度不变。结果，千斤顶的柱塞在相同的压力作用下能保持原来的状态。

如果泵内部吸入一定量的液压油后，压下泵的柱塞，即进行输出液压油的行程。这时从油罐吸入的液压油，会再次返回到油罐，泵就不能起作用。所以，必须在一侧入口安装单向阀。

设置在输出口侧的单向阀中的钢球（或锥阀芯）因千斤顶侧的压力而压紧阀座。然而泵的柱塞强制被压下时，由于液压油无处流出，所以泵侧的压力比千斤顶高，使排出口的单向阀打开。

泵的柱塞被压进时，液压油被输送到千斤顶侧顶起千斤顶的活塞，同时也将重物顶起了。

由千斤顶顶上的东西越重，压动杠杆的力就越大。压动杠杆的力的大小即所加压力的大小。

▲上拉（右）**下压**（左）**活塞时**

柱塞泵

液压装置中使用柱塞泵时，基本的结构是把手压泵排列起来。手压泵的动力元件是人力，所以动力元件本身能够往复运动。动力元件进行和泵的活塞相同的运动。兼作人力放大机构的杠杆可简单、方便地与柱塞连接。

以电动机或内燃机为动力元件的液压装置，动力元件进行旋转运动。使用旋转运动必须让柱塞进行往复运动。这种情况下的连接方法相当复杂。而且柱塞不止一根，要将数根连在一起，必须使之能够同时灵活地运动。

与手压泵或齿轮泵相比，柱塞泵的零件多，结构复杂，生产成本也高。尽管如此，柱塞泵仍广泛使用于液压装置中，今后其使用范围仍有增加的趋势。

柱塞泵与其他形式的泵相比，使用压力较高，能使排量平稳变化。这两个特征是高效率、使用方便的液压装置不可缺少的性能。

把来自动力元件的旋转运动，同时传向数根柱塞使之进行往复运动的结构，有三种设计。为使往复运动损耗少、平稳，不但柱塞和输入轴的连接方法有多种，而且柱塞的配置方式也有几种。

图 1 是把几台装有单向阀的泵，固定在心轴的周围，使泵靠斜板旋转的同时带动柱塞工作。因为是靠斜板旋转，故而称为斜板式，缺点是运转中的噪声较大。

几根柱塞嵌入的装置称为缸体。

图 2 与上面相反，是使该缸体旋转的结构，噪声小，称为固定斜板式。这种结构的泵的优点是液压马达几乎不变。

图 1　旋转斜板式轴向柱塞泵的原理

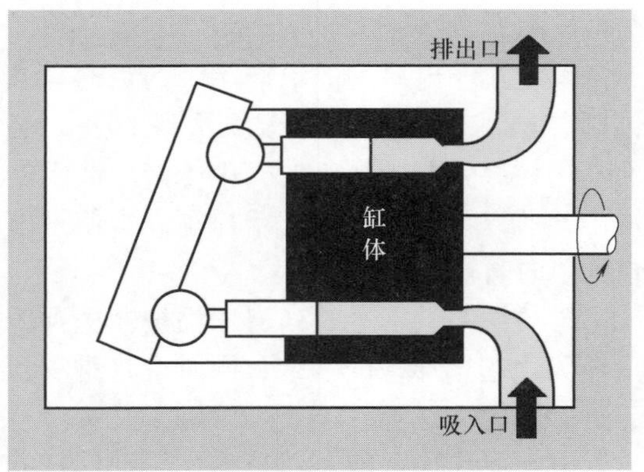

图 2　固定斜板式轴向柱塞泵的原理

▲**旋转斜板式柱塞泵的动作**（左上→右下）

图 3 是以曲轴连接输入端和柱塞的。弯曲的角度越大，柱塞往复行程也加大，排量增多。

具有柱塞行程可自由变化结构的泵称为可变容量型。

图 4 是将活塞与心轴成直角放置的泵，称为径向柱塞泵。

图 1 ~ 图 3 是将柱塞与心轴平行放置，所以称为轴向柱塞。

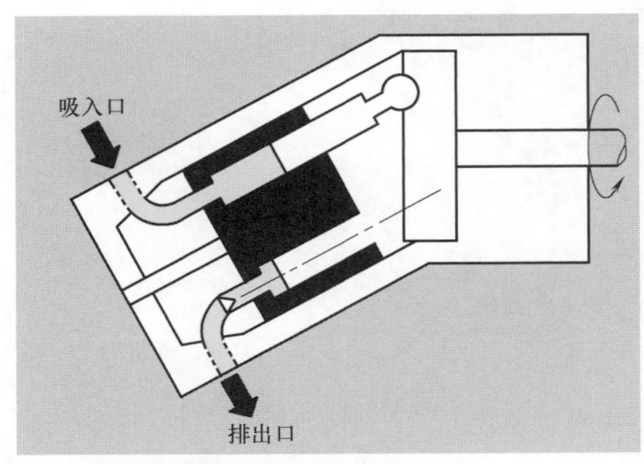

图 3　斜轴形轴向柱塞泵的原理

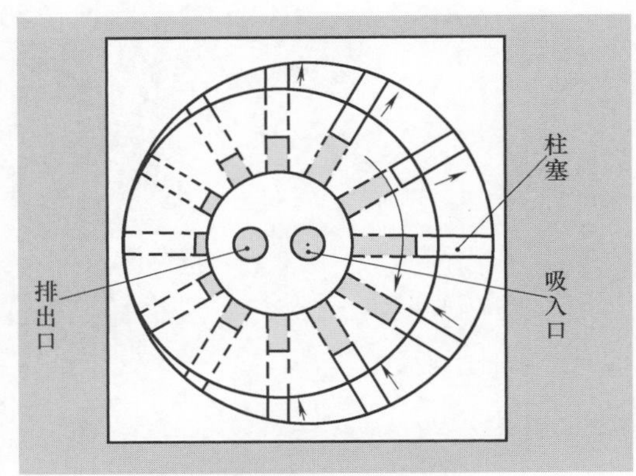

图 4　径向柱塞泵的原理

用气压工作的液压泵

柱塞泵的内部结构非常复杂。由于零件数量多，分解、检修、组装都需要相当熟练。

通过这种复杂的结构，使旋转运动变为直线运动。如果不使用内燃机或电动机作为输出轴旋转的动力元件，而作为直线运动的动力元件，那么柱塞泵的结构就非常简单了。

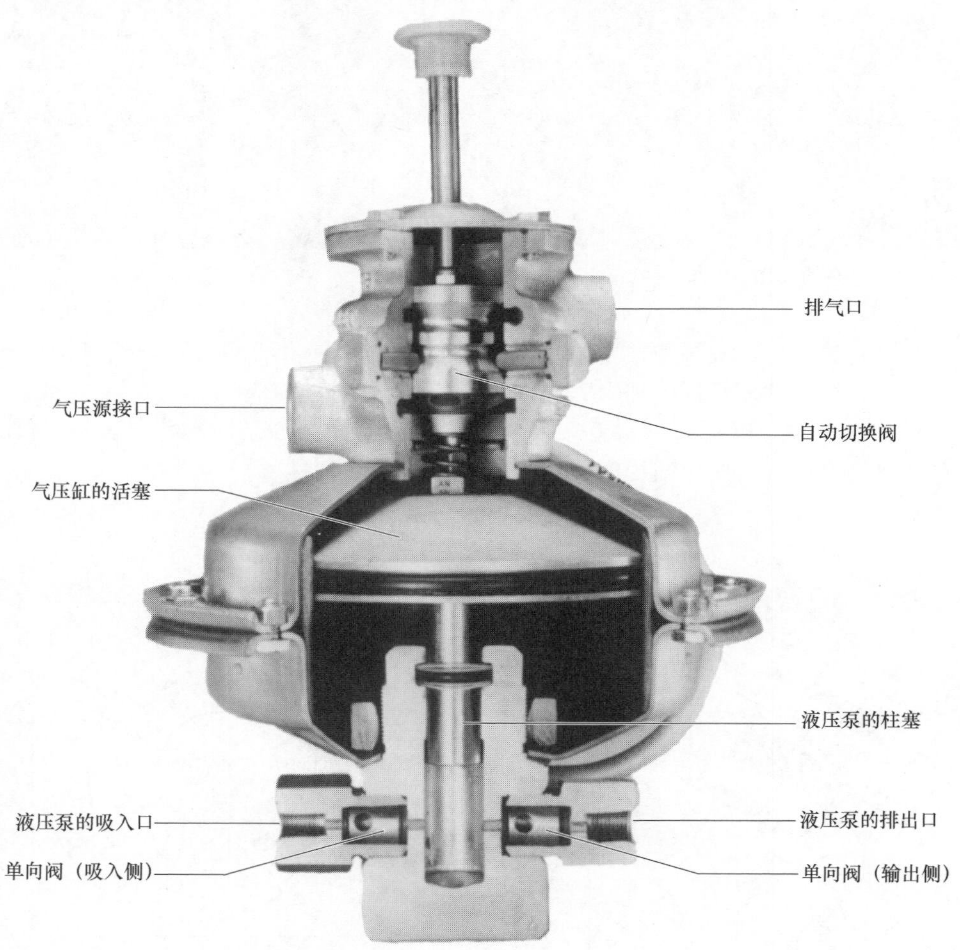

▲应用气压缸进行往复运动的液压泵的结构

手压泵或脚踏泵因为是利用人力作直线运动动力元件，所以结构简单。遗憾的是以人力为动力元件能量小，只能用于功率极小的工作。

照片所示是用气压进行往复直线运动的气压缸和液压泵组合的结构。

该液压泵和手压泵一样是使用一根柱塞的柱塞泵。

几乎所有工厂或研究所都设有气压源设备。移动式小型压气机作轻便气压源利用。用这种气压源使气压缸往复运动的压力可为5～7kgf/cm²。

照片中装在活塞和单向阀最下部的是液压泵。液压泵上部安装的全是气压缸。

该气压缸上面装有自动换向阀。空气从设在上部的接口进入，通过自动换向阀进入气压缸，使活塞上部的压力上升。

压力一上升，气压缸的活塞、液压泵的活塞都向下推，所以原本充满泵内部的液压油通过输出侧的单向阀输出。

活塞被向下推，接近最下端时，自动换向阀会改变，空气流到活塞下部的腔内。此时的空气沿气压缸外壁安装的管路绕到下部。

空气一旦流进下部，柱塞就上推，使液压泵吸入液压油。

活塞上升到接近最上端时，自动换向阀再次改变，反复进行下推活塞的动作，使液压泵进行工作。

该下推活塞的力的大小，是加到气压缸的活塞截面积上的空气压力的大小。

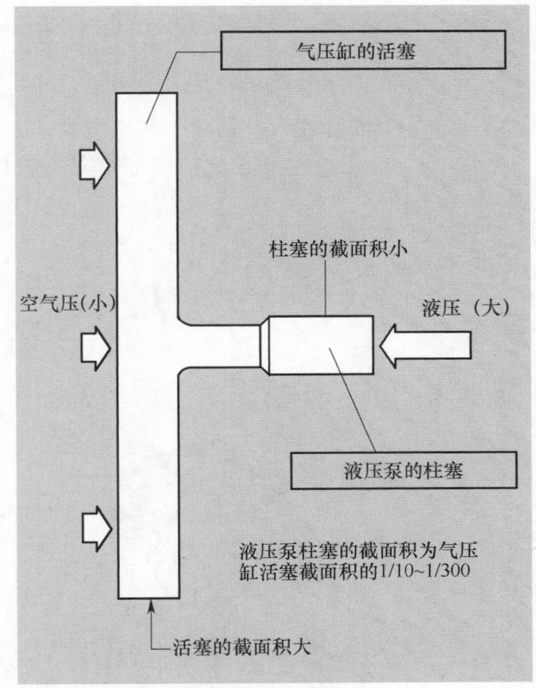

▲气压缸的活塞和液压泵的柱塞

液压泵的截面积缩小，一般在非常高的压力下使用。液压泵的截面积是气缸的1/300。在这种情况下，使液压泵在300倍的气压下工作。如气压为7kgf/cm²，液压泵的压力可达到2100kgf/cm²。

这种泵的功率有限制，如换算成马力则为1PS㊀以下。

能在非常高的压力下使用，是该泵的特点。为了充分利用该特点，可以将其用在液压机械等的破坏试验或冲程小的压力机中。

㊀ 米制马力，1PS=735W。——译者注

液压泵的排量用使输入轴转 1 周时从排出口排出液压油的体积表示。
例如 32cc/r，每转 1 周排量为 32cc。
液压泵在低于此速度的情况下工作时，为了维持规定排量制定了“最低旋转速度”。

排量和压力的关系

1倍的力量=压力
人数=排量（流量）
压力×排量=流体动力（工作量）

6倍的力量×1个人=1倍的力量×6个人（输出力相同）

在高于该旋转速度的情况下工作时，制定了极大缩短寿命、易损坏的“最高旋转速度”。

在此最低和最高旋转速度之间的范围内，以任意速度驱动液压泵时，从排出口输出液压油的流量（该流量也单称为排量）与旋转速度成正比。

用 1500r/min（速度为每 1min 转 1500 转）驱动 32cc/r 的液压泵时，从排出口排出的流量为 32cc/min 的 1500 倍，即 1min 流出 48000cc，相当于 48000cc/min（48L/min）。

就是说 1500r/min 液压泵排量为 48L/min。

排出口的压力为 5kgf/cm^2 时和压力非常低时，实际测定的排量，和通过计算求得的排量（理论排量）值非常接近。

另一方面液压泵规定了“最高使用压力”，其涵义是当排出口的压力高于该数值以上时内部泄漏增多，寿命显著缩短。

液压泵内部存在若干金属面和金属面的摩擦部，这些部位需要压液油润滑。这就是内部泄漏的作用，故其是不能缺少的。

随着排出口的压力增高（大体成比例），内部泄漏加大，泄漏量为理论排量的 5%～10%时的压力为最高使用压力。在最高使用压力时，实际能利用的排量是理论排量的 90%～95%。

在某种压力下，表示实际能利用的排量占理论排量的百分比称为容积效率。通常只讲容积效率时多表示最高使用压力下的容积效率。

内部泄漏是理论排量的 5%，换言之实际测定的排量是理论排量的 95%时（在相同的压力下），容积效率表示为 95%。

从液压装置工作时的排量或流量和压力的关系可得出，排量或流量表示工作速度，压力表示力的大小。

排量或流量越大，加快工作速度的能力越强；压力越高，产生大动力的能力越强。

由此，把排量或流量与压力的乘积称为“流体动力”（流体能力）。排量或流量为 48L/min、压力为 100kgf/cm^2 时，从液压泵排出的流体动力：

$$\frac{48\text{L/min} \times 100\text{kgf/cm}^2}{612} = 7.86\text{kW}$$

（612 为把 L/min 换算为 kW 时的数字的省略计算）。

脉冲

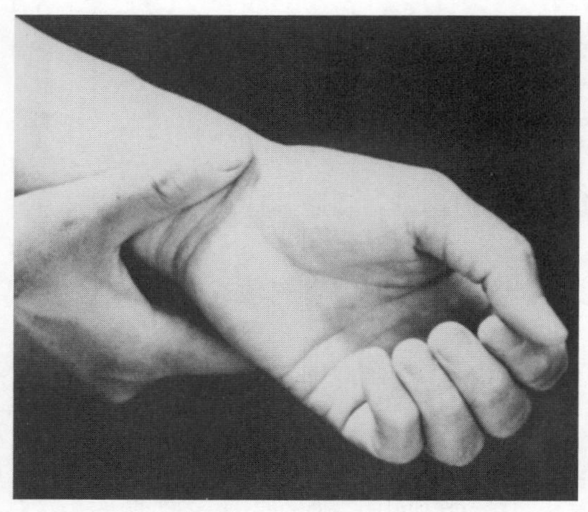

▲**泵**（心脏）**的结构中，流量变动**（脉动）

观察液压装置上安装的压力计，它的指针不停地振动。振动幅度的大小不等。可以说，几乎没有不振动的压力计。

装置内也会存在机械性振动和共振的情况，但回路内压力的振动可大致通过压力计指针的摆动来判断。

最常用的弹性金属管式压力计读取的压力是压力的平均值。

通常为操作液压装置而测量压力时，用此平均压力没有妨碍。然而考虑到噪声问题，为分析泵内部的情况而测量压力时，用平均压力不准确。

人的泵——通过心脏的运动把新鲜血液输送到动脉，这一运动是间歇性的，流量也在不断变化，将手指放到手腕处即能确认。

仔细观察液压泵从储油罐吸入液压油，并将其送到主回路的结构，送出的液压油的流量不断变动，只是变动周期非常短，除非用特别的装置否则无法明确识别。

无论柱塞泵、齿轮泵还是叶片泵都必然存在流量的变动。但由于泵的结构不同，变动量的大小也不同。

右图是使记录仪描绘出的变动情况（脉动）的实例。用 0.001 ~ 0.1s 的周期可判断压力的变动情况。

这种脉冲的振幅异常变大时，常会导致噪声问题。

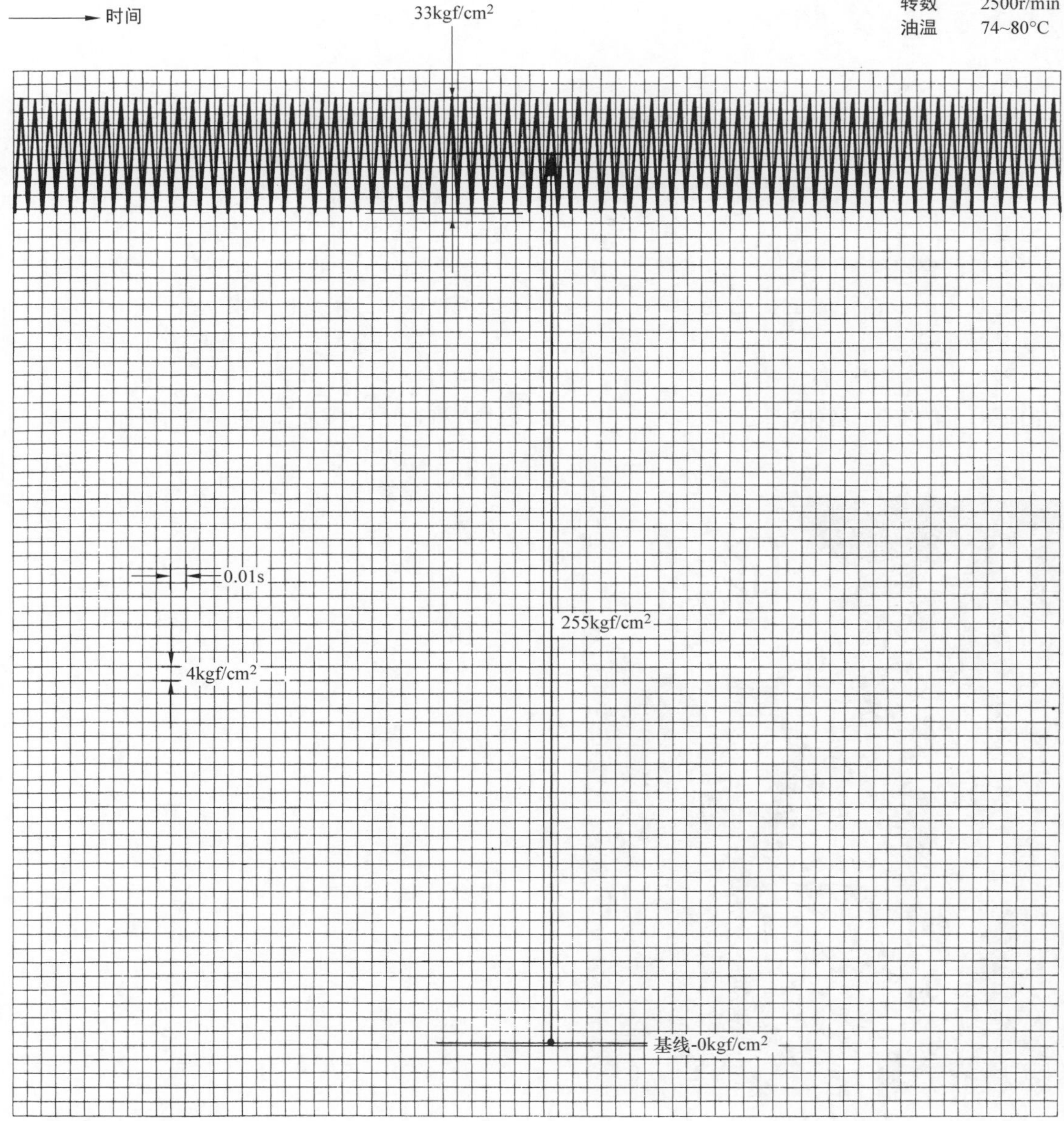
时间
33kgf/cm2
转数 2500r/min
油温 74~80°C
0.01s
255kgf/cm2
4kgf/cm2
基线-0kgf/cm2

▲脉动的记录实例

冲击力

电磁阀换向，卸荷阀工作时，会发出"咚！"的一声使肚子不舒服。如果对这种声音不习惯，每次听到时都会吓一跳，以为什么地方出了故障。

液压油突然停止流动时，发出这种声音。

这时用示波器记录的压力变动，会得到63页所示的曲线图。

当压力在溢流阀设定值以上时，曲线图会出现向上的枪尖形状的部分。

压力变得异常高的时间非常短，大致是0.01s，很难控制其高度。

溢流阀在压力急剧上升到开始起作用为止，这个过程中有0.1s的滞后。因而较高的压力会在0.01s左右提前出现，这段时间内不能调整压力，仅是瞬间发生。

把这段时间内异常升高的压力称为"峰值压力"或"过冲压力"。

将合适的蓄能器连接在此管路上，能适当减小压力上升。

该异常压力的大小与突然停止时的流量大致成正比。

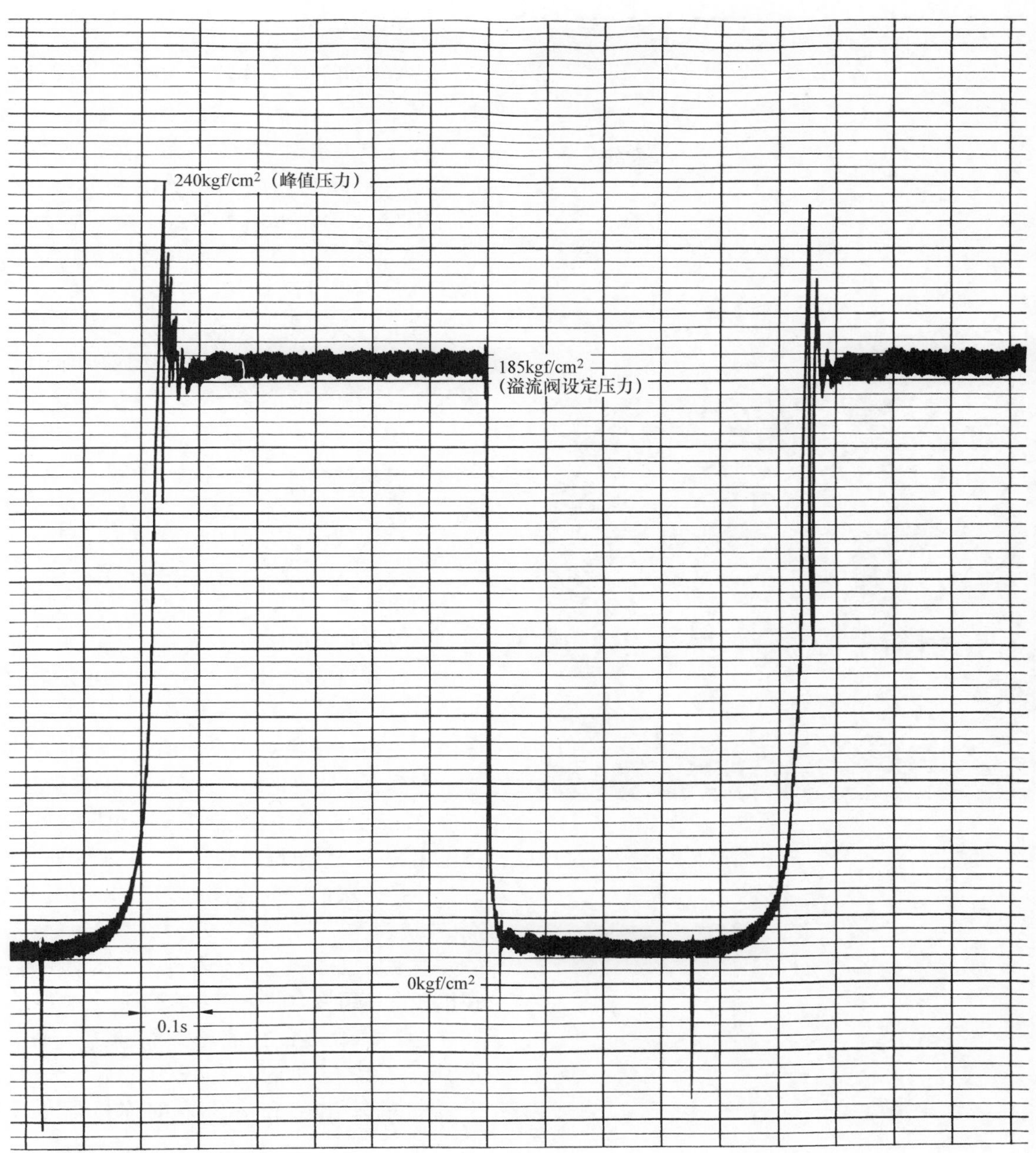

▲冲击压力现象的实例

从液压技术人员的笔记说起

一直从事液压工作将近 20 年，遇到过各种情况。

为了保证液压装置正常运转，时常需要出差，和用户一起在现场跑来跑去。根据那时的记录，很多事故都会令人吓出一身冷汗。发生过的几个重大故障仍历历在目，真是不可思议。

这可以说已是十年前的记录了，还是在 20 吨渔船上工作的事情。看着记录，眼前好像又浮现了当时的情景……

总绞盘不工作

垂暮的渔港，人们都匆匆忙忙。耳中充满了男人们的喊叫声和发动机的轰鸣声。

结束一项工作正准备回东京，从长崎航行到达博多时又被叫回。

“卷网的总绞盘不工作，使用的液压装置也不工作，请马上来看一下。”

船主命令是绝对要服从的。接近长崎再次返回到那小小渔港时，夕阳已把渔港染红。

这个地方的卷网渔船两条一组，傍晚从渔港出发第二天早晨回港。

连换衣服的时间也没有，就被叫进问题船的机械室里。

发动机已经响起正常声音，船体颤抖着。在机械室里用最大的声音才能交谈。

首先察看设置在液压源储油罐上的油量计，看液压油的存储没有故障。连接发动机的输出轴和液压泵的连接器也未见异常。

液压泵的声音正常，用手触摸泵的外壳，感觉其温度与人的体温接近。

进行进一步的检查，只能提高液压回路的压力。为了提高液压回路，只有给绞盘加载荷。

为与轮机长E君交谈，我通过狭窄而陡立的梯子从机械室上到甲板上来。脸刚露出甲板，无意中回头一看，就吃了一惊。

港口的防波堤与船尾的距离越来越远，

用来卷起渔船上渔网的总绞盘

即将被夜里的云雾笼罩。

茫然若失之间，不禁有些生气。上到甲板上来，从船桥的阴影处看到了捕捞长K君。

“今夜要去渔场。”

就说了一句话，在这一瞬间他的眼神倍加严肃。还没等我答话，他就消失了。

即便再有意见，也不能返港，根本没有选择的余地。男人们开始工作了，紧张的空气充满了这不到20吨的小船。

船出行·原因不明

轮机长似乎在检查总绞盘，把头伸进圆柱下的阴影里。

如果放开网把网卷上来，只在绞盘上加载荷即可。然而一旦离开港口，在全速向渔场航行时，这是不可能的事。

一时很难立刻想出合适的方法。

“若是不给总绞盘加上载荷，就不能进一步进行液压检查。”我对轮机长说。

“卷起力是3吨啊！”轮机长清楚地说。从船头绕线盘把缆绳拽了出来。于是把缆绳的一端固定在左舷中一个突出物上。

将缆绳的中间部分在绞盘的滚筒上绕了3圈，剩下的部分向远处船头抛去。

看到在船上工作的人们灵活地操纵缆绳，真是令人钦佩。

“这个缆绳3吨以下就会磨断，所以这样

正好。”眉毛又黑又粗、鼻宽嘴阔的 E 君说道，他的脸和眼睛一笑就显得非常亲切。

E 君在船头握着缆绳，准备好了等候开始。一声令下，就把换向阀的控制杆扳向卷扬的位置。

这个换向阀与扳下控制杆的角度成一定的比例，并使用控制滚筒旋转速度的流量线性控制阀。

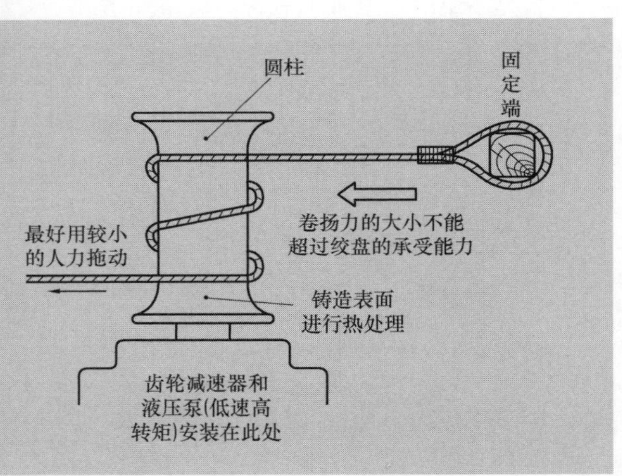

将控制杆慢慢扳下后，滚筒速度缓慢提高，此时只要把卷在滚筒上的缆绳放松就可以了。

由 E 君拉着缆绳，使缆绳不松弛，在较小的牵拉力下，滚筒的速度不发生变化。

然后进一步拉动缆绳以增加负载，使滚筒的速度明显下降并最终停住。

这样，就产生不了拽动网的力。

反复几次进行同样的操作，结果仍一样。

装在脑子里的液压线路图完全没有了把握，坐在照明灯下，从后面抽出线路图。

时间还剩最后的 40 分钟

“到最近的渔场还有 40 分钟!”

向声音突然传来的方向一抬头，看到捕捞长 K 君抱着胳膊站在黑暗的大海前。

“40 分钟能修理好吗? 修不好的话，只好用老办法来拉网啦!”

那是一双追着鱼群并时刻准备撒网般锐利的眼睛。

没有了信心，怎么办? 必须要作出肯定的回答使他放心，在站起来考虑措词的一瞬间，只见 K 君转向了船桥那边。

陆地上的 K 君酷爱烧酒、少言，并且哪里都慢条斯理的好人。而大海上的 K 君却变成了另外一个人。

他从不做任何冒险的事情，总是严格要求自己，是个能肩负重任的四五十岁的男人。

从船尾准备网的人中叫一个人，让他操作操纵杆，我下到机械室。

观察一下墙壁上安装的液压配管压力计，发现指针在 $10kgf/cm^2$ 和 $30kgf/cm^2$ 之间摆动。

扳下操纵杆时，指针上升到 $30kgf/cm^2$，扳回时下降为 $10kgf/cm^2$。

泵的声音几乎没有变化，一直是一种低压时的平稳的声音。

只能判断是液压油在管路中泄漏，导致压力不能上升。

10 天前试运转进行拽网时，报告压力能上升到 $140kgf/cm^2$。很难想象只不过出了 3 次海，液压机械就损坏。

到渔场还剩20分钟，时间紧迫，我按捺不住焦急的心情。

泵、溢流阀、换向阀，还有马达，到底是哪个装置的原因呢？现在连踌躇不决的时间也没有了。

平时专家般的言谈举止连影子也不见了。

“保持冷静，保持冷静！”心中反复默念，但还是没有效果。

尽管如此，只是双手抱着头，所幸，不知所措的神情没让船上的人们看见。

一看手表，剩下的时间只有15分钟了。即使发现了有故障的机构，也没有拆卸修理的时间了。

明知不能进行复杂的操作了，我又忽然回到最初冷静的状态。

溢流阀的调整螺钉松动

我下意识地从工具箱中拿起活扳手，从泵开始沿着配管边前进边检查。

检查到溢流阀时，有一种异常的感觉。为了确认是哪个部分不对，我在四周前后左右观察。

登上梯子，从最上面往下看，一下子便清楚了，原来是用于压力设定的调节螺钉的伸出长度比平时长了一些。

用手指轻轻转动固定该螺钉的锁紧螺母，突然有种看到希望的感觉。

注视着压力计,一点一点地把调节螺钉拧进去。

压力计的指针从50kgf/cm^{2}升到70kgf/cm^2，又继续升向最大值。

上升到规定的175kgf/cm^{2}后，把调节螺钉紧固。此时才终于松了一口气。

突然，指针回落到接近30kgf/cm^{2}的位置，“咚！”听到了令人心颤的声响。

想到甲板上的声音应该会更大，发现发动机的声音很大，但又不知道原因。

在入口处听见呼喊声，我赶快登上梯子。

甲板上E君手里拿着中间突然断掉的缆索呆呆地站着。

刚才，缆绳断开。“缆绳彻底成了两截，这哪里是3吨！修好了吗?”

然后，听见有人冲着船桥大喊：

“捕捞长，液压修好啦！”

捕捞长答道：

“太好啦！请液压技师再去机械室帮帮忙，渔场就在眼前啦！”

南国的初秋，深夜的海上，风很凉。海风卷起波浪溅在身上使人倍感冰冷。

处理完紧急情况，歇一口气，备感到寒冷。

用发动机的热气取暖的机械室，总是伴着机械的轰鸣和臭气，让人怀念供暖设备完善的休息室。此时意识到自己还没吃饭。

我忘记饥饿，继续思考溢流阀调节螺钉松弛的种种原因。

设定溢流阀的压力后，压力时常会下降10%或15%。然而如设定压力为175kgf/cm^{2}时，不会出现压力自动下降到最低值的现象。

即使调节螺钉的锁紧螺母松开不动，一

般在这种情况下，短时间内压力不会下降到最低。

由于有这种先入为主的想法，故而最初没有检验溢流阀，而是为寻找其他原因伤脑筋。

如同日本的将棋，王将快死时，只要舍去飞车，只用龙马就能成功。而我却没用这些却去考虑其他方法。

调节螺钉之所以会松弛，可能是非恶意的人为原因。

委托轮机长每天坚持检查溢流阀。为了慎重我开始检查仪表和机械的情况。

甲板上开始拉网，鱼群逐渐被网包围，船体向左大幅度倾斜。

我从狭窄的机械之间小心地穿过，检查与液压有关的仪表和机械的养护情况。

※※※※

此后，笔记上还记载了以下一些事情。

第三次收网时，网被沉船挂破了。

拉起破网后，人们进行传统的抽丝工作。

天亮后，在海上吃了烤墨鱼丸，其味道真是美妙。

溢流阀调节螺钉松动的原因到最后也没找到。

上陆之后，我被船主严厉教训了一顿：“关于液压装置使用的说明和要点，初学者都很清楚。真是没用!”

控制阀

控制阀的种类

汽车或拖拉机上更换车轮时，为把车体上举使用的液压千斤顶是液压装置中最简单的一种。液压油储存罐、手压泵、溢流阀、针阀、液压缸等，全都集中装在小小的工作台上。

把控制杆插进手压泵（见第 52 页）上下移动，液压油被送进液压缸（千斤顶）。液压缸和泵连接的液压油通路中间设置通向储油罐的支路。

用千斤顶顶起汽车时，通向储油罐的通路一旦打开，由泵送的液压油则不流向液压缸，而是返回储油罐。因而必须关闭该通路。

换车轮作业结束后落下车体时，使泵停止工作，打开通向储油罐方向的支路。用车体的重量将千斤顶的活塞向反向推进，在车体降下同时液压缸内部的液压油被推回储油罐。

为控制液压千斤顶与储油罐通路的开闭，可使用针阀。它兼具方向控制阀和流量控制阀的功能。因为液压千斤顶回路非常简单，所以阀的数量、种类最少。

液压装置越复杂，功能要求越高，阀的数量和种类也越多。

● 方向控制阀

方向控制阀作为选择方向的阀，常用于拉伸或收回液压缸的活塞，或使液压马达正旋转逆旋转等工作。其又称作 directional control valve。

● 压力控制阀

用纸杯喝水，无意识中会调整手指尖的压力使之不压坏杯子。

如液压缸的力过大也能损坏作用对象。另外也有这种情形，压力上升到预定值的

方向控制阀的动作

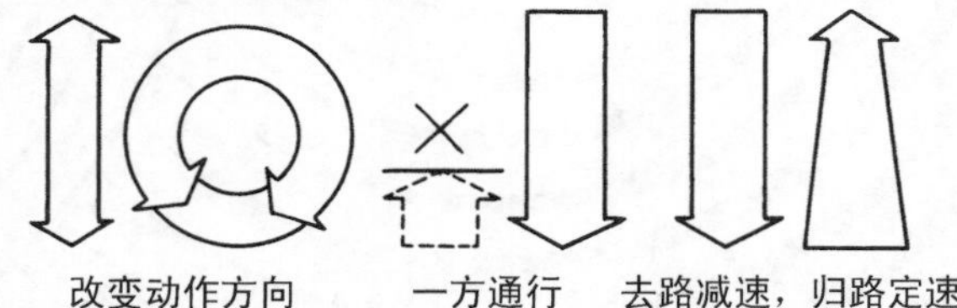

压力控制阀的动作

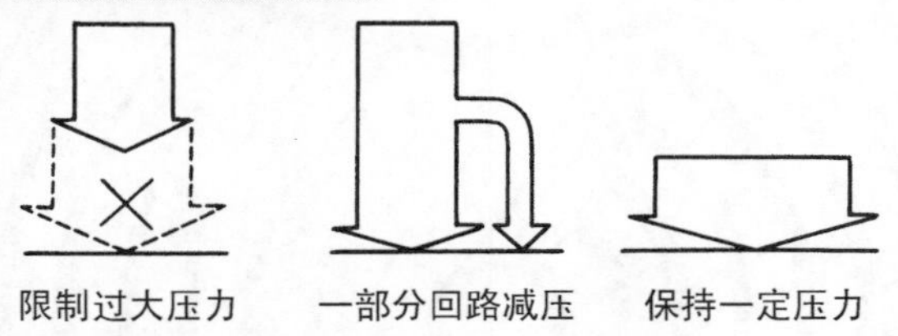

流量控制阀的动作

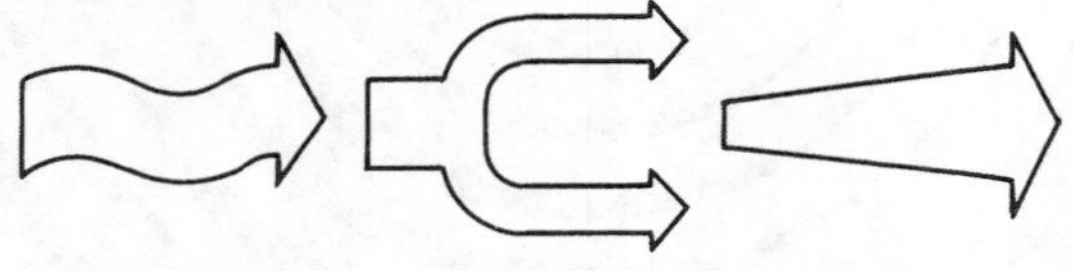

▲阀门的动作

2.5 倍或 3 倍也会使液压装置自身损坏。

为了将压力限制在不使作用对象或机器损坏的程度，保护液压装置本身，而使用压力控制阀，其又称作 pressure control valve。

● **流量控制阀**

为了使液压起重车、液压起重机加快或者放慢提升速度，可调节液压缸的伸缩速度，使工作的速度调为希望值，要使用流量控制阀。其又称为 flow control valve。

※ ※ ※

可以认为用于液压装置的阀，大致分为这里介绍的方向、压力、流量三类。

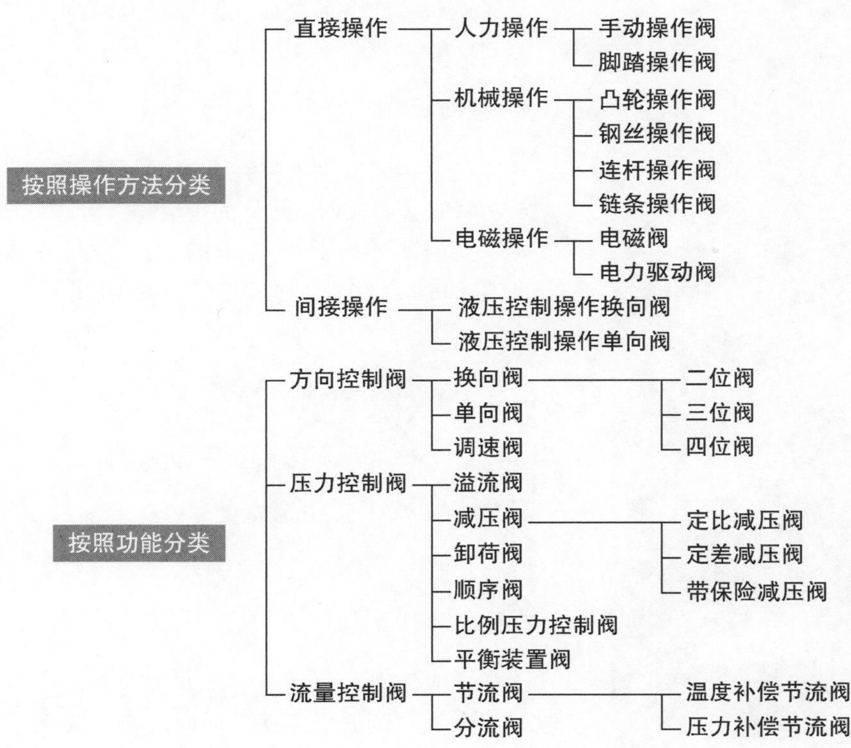

▲阀的分类

方向控制阀

方向控制阀 — 换向阀 / 单向阀 / 调速阀

▲用于铁道转向器上的方向控制阀

汽车在城市街道中行驶时，大多是根据路标规定的方向行驶。每个司机根据标志指示行驶，从而形成符合标志规定的车流。

液压回路不能仅靠给出标志就能规定液压油的流向。如铁道线路的转向器，就需要通过调整、改变通路而使液油只流向希望的方向。

● 换向阀

在十字路口是直接往前走呢，还是左转或右转呢，要根据信号灯的指示。

换向阀，可将泵送来的液压油直接送向储油罐方向，或使之左转送向出口 A

限制直行、左转等车流方向

方向，或使之右转送向出口 B 方向，使液压油只向规定的方向流动。换向阀起着选择通路的作用。

十字路口在一段时间内，可使车辆停止

行驶而让行人自由通行，只在某段时间内，一个方向的车流全部停止，行人能从任何方向横穿或斜穿。

换向阀的作用与此相同。把换向阀内的

汽车停驶，行人自由通行的十字路口

液压油通路全部关闭或将换向阀内的通路全部打开时，流体就能向任何方向流。

● 单向阀

单向阀也叫止回阀，与单向通行标牌的作用相同。对于交通标志，时常发生忽视标志的情况，但对于液压回路，绝对不能容许反向的流动。

只能向一个方向通行，反向禁止通行

某种特殊情况下必须限制向反方向流动的液压回路。这时，应使用液控单向阀。

● 调速阀

调速阀用于机床工作台进给等处。

电车在站与站中间时的速度最快，随着离车站越近速度渐渐减小，这种限制速度的标志几个连续排列、严格限制逐渐最后变成

接近车站时渐渐减速……

为零，调速阀就起这种作用。

这种阀不限制反向流动的速度，所以用于逆流能以任意速度流动的通路。

※ ※ ※ ※

对于方向控制阀，除了以上介绍的之外，还有梭形滑阀和针阀等。

此外，还可在阀上安装控制杆，有用手动进行转换操作的手动换向阀、将手动换成电磁力的电磁换向阀以及与手动操作类似的使用气压转变机构的换向阀等。

也可根据转换操作的方式，对阀进行分类。

换向阀

液压千斤顶能够把通向储油罐的通路开闭，使千斤顶的活塞停在希望的方向工作。

然而，对于复杂型活塞，无论施加推力或拉力，都必须把力加到使液压马达旋转的正反两个方向，这种操作有些复杂。

这种情况下需要的功能，大致可分以下三种：

① 将活塞和马达停在希望的位置。

② 让液压缸进行伸展运动，产生推力。还有使液压马达正向旋转，产生动力。

③ 让液压缸进行收缩运动，产生拉力。还有使液压马达逆向旋转，产生动力。

使用此装置的操作人员必须根据情况选择这三种，来进行比较简单的操作。

对于比较简单的液压装置，在操作人员靠近阀时，使用手动操作控制杆的手动换向阀。叉车、推土机等车辆，手动换向阀的控制杆集中在驾驶座附近，操作比较容易。

液压装置较大，操作人员不在阀附近，或者必须同时进行若干操作时，不能手动操作。

此时使用最多的是电磁阀。用电磁力使阀内的阀芯移动，来进行换向。

此外也有使用连杆机构等机械性方法进行换向的阀。

使用从远处用遥控使阀换向的方法时，除

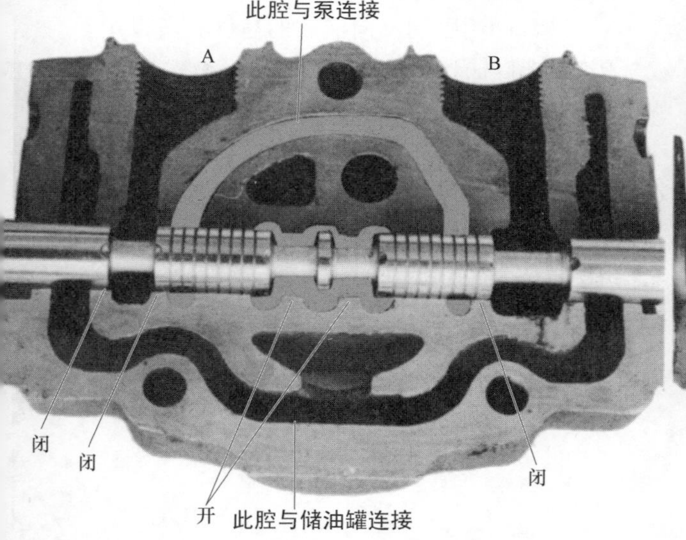

中间位置：从泵流出的油，通过中间流道。向油口 A·B 的流道关闭

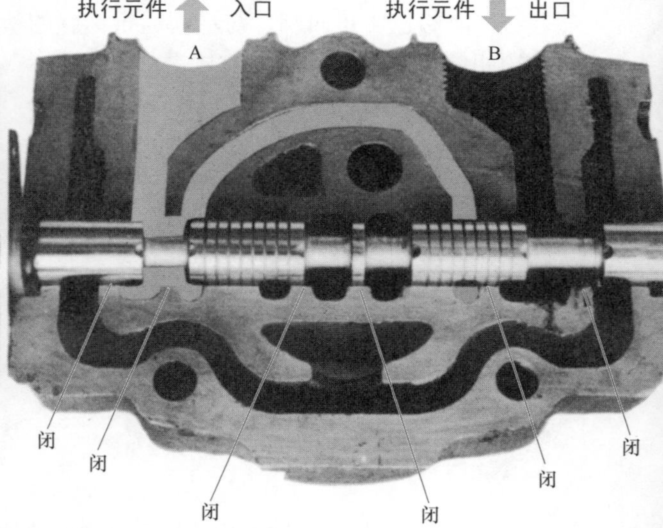

变换 1：从泵流出的油，从油口 A 流向执行元件的入口，多余油返回泵

了电磁之外还用电动机、气压以及液压方法。无论怎样，都要选择、采用最适合该装置的换向方法。

在换向阀中，使用最多的是阀芯型的阀。因为它可使换向阀的压力非常高，但使阀芯移动的力没有大的变化。

然而把圆柱形阀芯嵌合在圆筒形的孔中时，为了能较好地工作，常要设置 10μm 或 20μm 的空隙。

不管空隙多小，油都会从空隙泄漏。使用阀芯型的阀时，要经常考虑内部泄漏量，同时检查回路。

装置不同，有的内部泄漏量极小，泄漏量几乎变成为零。因为在这种情况下不能使用阀芯型，可以采用锥阀芯型、剪切型的换向阀。

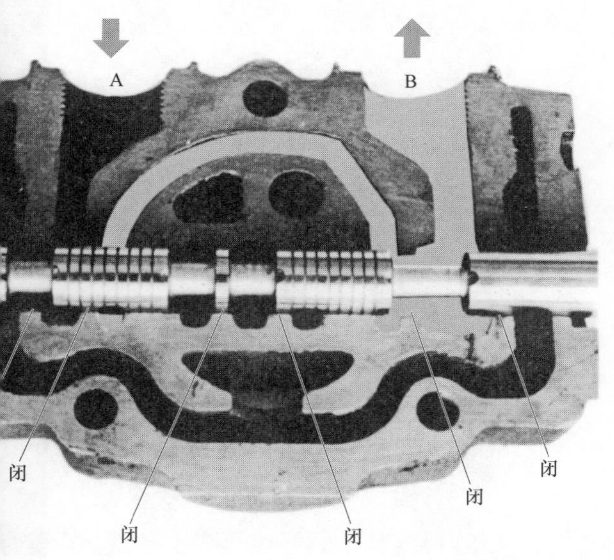

变换 2：阀芯逆向移动，与变换 1 相反，液压油从油口 B 流向执行装置的入口

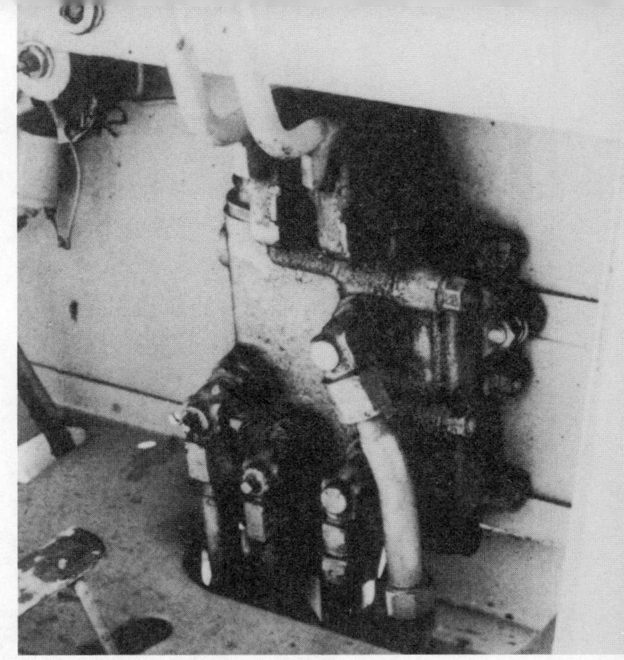

▲叉车驾驶座附近的手动换向阀

然而换向阀还有一个缺点，就是一旦加大压力，换向操作所需的力就增大。

单向阀

单向阀也叫止回阀（check valve）。《简明英日辞典》中check有“挡住”、“阻止”之意。

单向阀是在将与所确定方向相反的流动“阻止”“挡住”的情况下使用。

从单向阀入口向出口的流动能自由通过。然而从出口向入口的反向流动一滴不能通过。

其内部结构非常简单，就是在靠近阀的入口圆形阀座面上，采用小弹簧把钢球（或锥阀芯）压住的形式。

从入口流入的液压油推动钢球（或锥阀芯）离开阀座面，呈浮动状态，液压油从此处形成的空间通过，向出口方面流去。

由于推着钢球（或锥阀芯）的弹簧非常

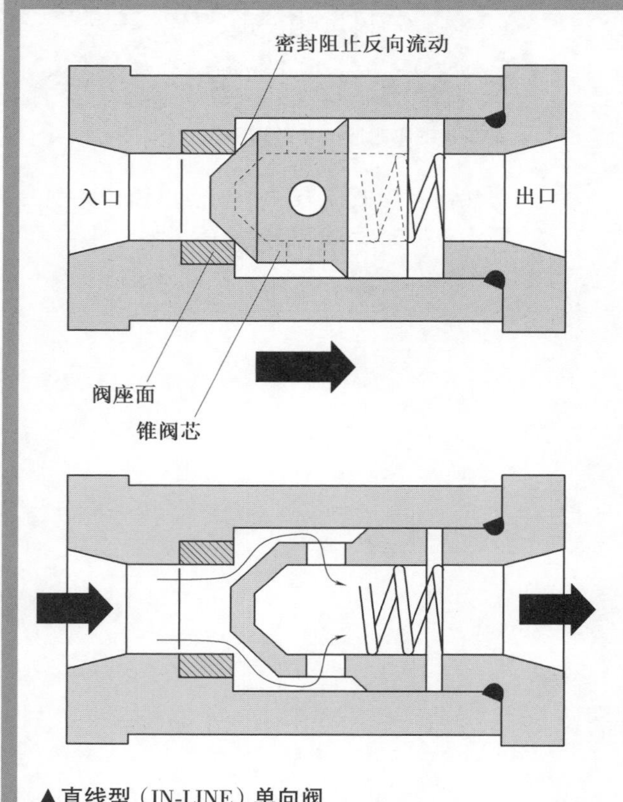

▲直线型（IN-LINE）单向阀

▲支撑起重机的液压支腿上所用单向阀

小，所以液压油流动的力能很容易地把钢球（或锥阀芯）推开。

液压油从出口方流入时，靠流动力本身把钢球（或锥阀芯）压在阀座面上。

从出口方加的压力越高，压住球（或锥阀芯）的力也越大，所以从出口向入口的泄漏能完全消除。

在 3 个大气压或 5 个大气压的非常低的压力时，该泄漏容易发生，必须注意。

在建筑工地经常看到起重机。起重机工作时张开液压支腿支撑车体。此时液压支腿用液压缸，在任何情况下，如果不维持支撑状态就会非常危险。把单向阀设计在液压缸边上，即使途中管线破裂液压汽缸也不回缩。

可是当起重机工作完成后向其他地方移动时，必须收回液压支腿。如保持单向阀原封不动，就不能收回液压汽缸。

所以只能用在收回时能够逆向自由流动的单向阀，这是起重机驾驶用的单向阀。

来自泵的液压油被引导到液压缸回缩侧，用此发生的压力使锥阀芯离开阀座盘，能进行逆流的工作。

有时，在伸展侧也需要进行同样的工作。

此时驾驶员使用把两台单向阀组装在一起的机构。

调速阀

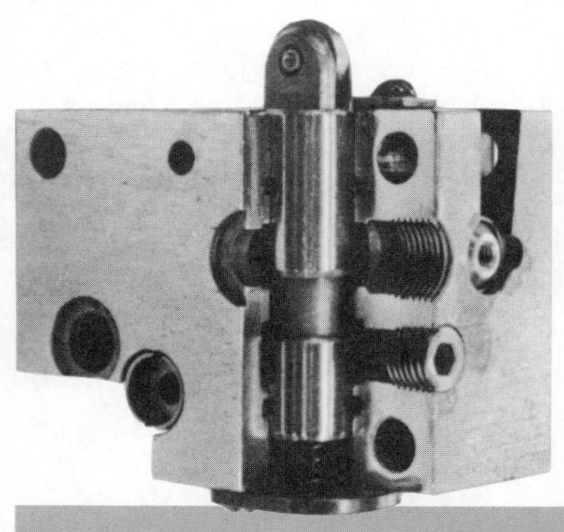

交通标志上有“行驶中，不能突然停车！”这种忽视人、重视车的做法引起群众议论。

以某种速度运动着的物体，使之突然停住时，物体质量越大、速度越大，冲击动能也越大。冲击动能的大小与速度的平方成正比，所以要使冲击动能小，必须使速度小。

可是使物体在没有任何障碍物地方运动时，需要加快速度，提高工作效率。

要在某个区间使速度大，在另一个区间使速度小，许多地方都会遇到这种操作。

站和站中间 80km/h 或 100km/h 行驶的电车，

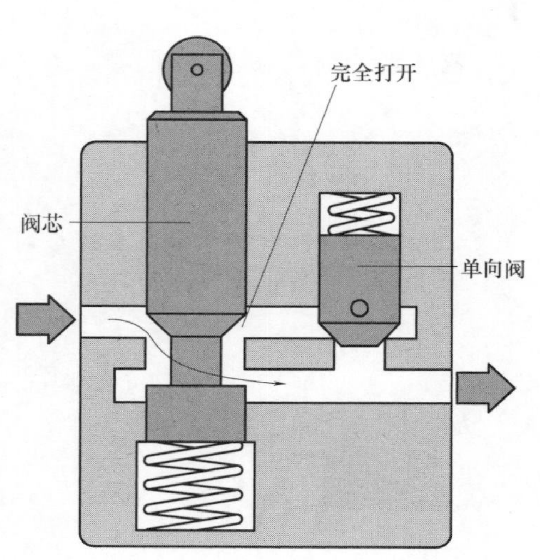

▲**阀芯不压紧状态**（工作台进给速度快）

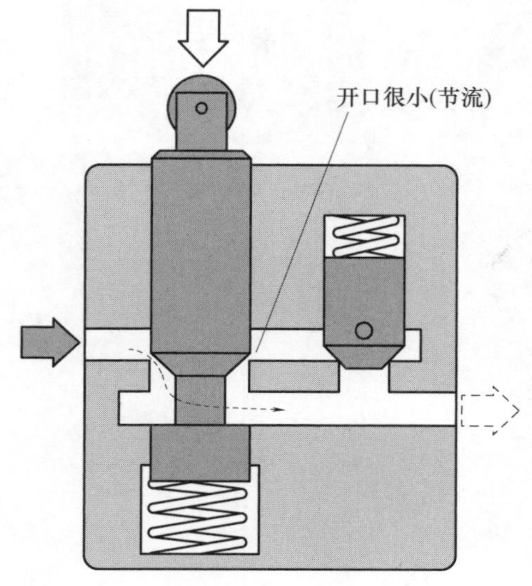

▲**阀芯压紧状态**（工作台进给速度慢）

到接近车站时慢慢减速，靠站台时非常缓慢地停在预定位置。

如果速度减小过快（减速度或加速度 =deceleration 加大），如果电车满员，乘客就会像棋子般摔倒，这样很不好。

机床的液压式进给装置中可用调速阀。

离刀具远时，采用快速进给可以缩短工作时间。移动到接近刀具时，推调速阀的阀芯（滑阀），减小液压缸和液压马达的流量，从而起到使进给速度减小的作用。

以机械形式推阀的阀芯（滑阀），控制液压油通路开闭的一种单向阀就是调速阀。

进给装置逆向运行时因不需改变速度，所以常采用使液压油从减速阀出口向入口能够自由流过的结构。

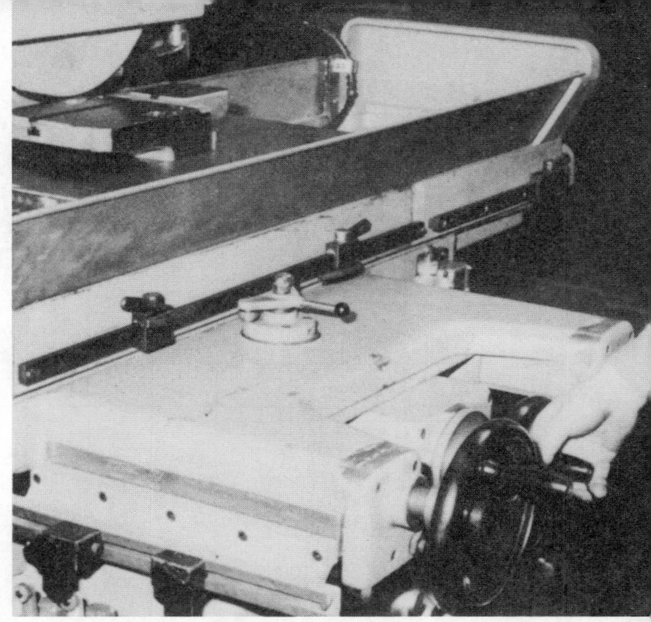

▲磨床的工作台往复运动的两端减速

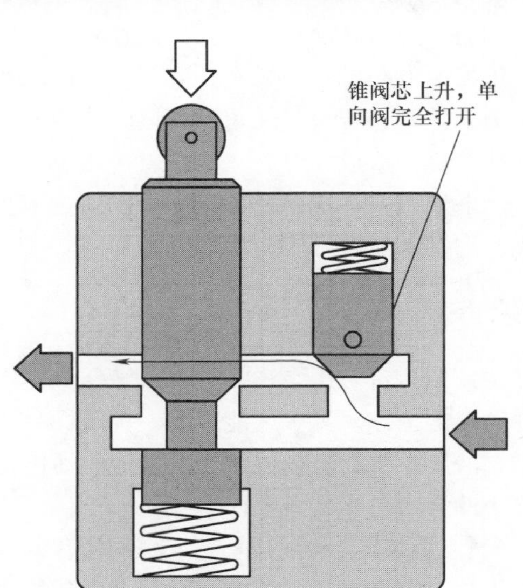

▲阀芯压紧状态且逆向流动时（返回工作台时快）

压力控制阀

压力控制阀	溢流阀（压力调整阀） 减压阀 卸荷阀

▲压力控制阀限制重量的提示的实例

● 溢流阀（压力调整阀）

通过泵输送液压油使液压缸或液压马达工作时，加给液压缸或液压马达的外力（载荷）越大，系统中的压力也越高。

如果不限制驱动泵的动力元件的大小，系统的压力就会与载荷成正比，也无止境增高下去。

然而泵或阀以及管路等的使用压力大小通常是有一定限制的，进而动力元件一般也应根据其需要的大小来选用。

动力元件为电动机时，长时间在超负载的情况下工作，电动机中的线圈就会烧坏。以内燃机为动力元件时，若长时间超负荷运转，内燃机就会突然停机，造成危险。

使液压回路在不超过预定压力的情况下工作的阀，即是溢流阀（压力调整阀）。

● 减压阀

要使用一台液压泵让液压缸或液压马达实现多种工况的工作。其中可能会有一种或两种工况要求，液压系统能够提供比使用溢流阀所能提供的更小的压力时，就需要使用减压阀了。

只使用液压缸和液压马达，在用溢流阀调节系统压力时仍有损坏设备的危险，或对象物品强度小，如施加某种程度以上的力就会损坏的情况下，可用减压阀。

● **卸荷阀**（无负载阀）

需要液压缸在某个位置上支撑着负载时，例如把某物推压在壁上，保持支撑的情况，液压缸不需要伸缩，然而必须维持一定的压力。

如要用溢流阀维持这一压力，从液压泵送来的绝大部分液压油，不进行任何工作，只是从溢流阀所调定压力下降到大气压，最终返回到储油罐中。

这样不但非常浪费，而且会使储油罐中的液压油温度上升到极限。

所以我们就需要一个这样的设备：只把液压缸附近的压力维持在希望的大小，从泵送来的液压油的压力不提高，原封不动返回储油罐，储油罐内油液的温度也不上升。

但是液压缸附近的压力下降到预定以下时，就会自动地送进液压油，根据需要压力再次上升到希望的大小。

这时就需要使用卸荷阀了。

▲使用卸荷阀使支撑物品的压力保持一定

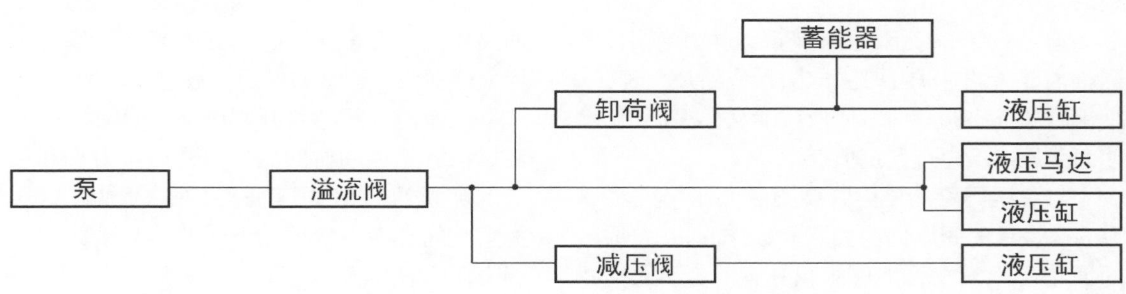

溢流阀（压力调整阀）

溢流阀是几乎所有液压装置上不可缺少的阀之一。溢流阀有直动式溢流阀和先导式溢流阀。

● 直动式溢流阀

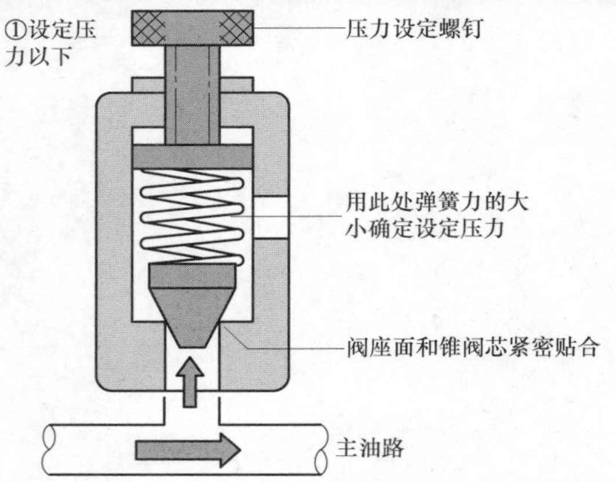

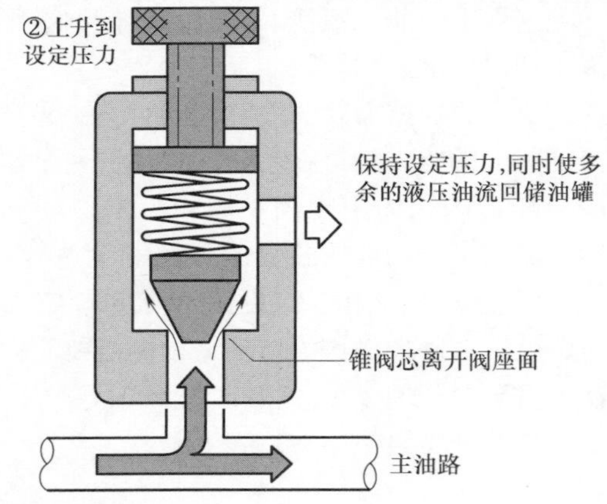

用锥阀芯（或钢球）使通向阀内油箱口的通路闭合。用弹簧将系统压力调整到希望的大小并将锥阀芯压在阀座面上。通过调节该弹簧的弹力将溢流阀的调定压力调整到希望的大小。

这是由于系统压力与弹簧力相互作用，当推着锥阀芯液压回路压力比弹簧力大时，把锥阀芯推离阀座面，使液压油从那里流出，使回路压力不超过设定值。

与液压回路的压力弹簧力相互平衡，将以 cm^2 表示的阀座面的面积和以 kgf/cm^2 表示的回路压力相乘，能够求出用 kgf 表示的推动锥阀芯的力。

如果液压回路的压力比设定压力低，无疑弹簧力大，再次把锥阀芯压在阀座面上，使溢流阀又回到截止的状态。

这样，直动式溢流阀推动锥阀芯的液压回路压力，全都用弹簧的弹力来平衡。为了增大弹簧力，弹簧的倔强系数也必须增大。

从而使锥阀芯离开阀座面，只有极少量液压油开始流动时的压力（开启压力）和预定的流量流过该阀座面时的压力（设定压力）之间存在一定的差值，使得直动式溢流阀有压力稳定性不强的缺点。

◀中央偏右处的阀是溢流阀

● 先导式溢流阀

将直动式溢流阀的缺点设法加以改良，就成了先导式溢流阀。

使用大小各一个锥阀芯。

主锥阀芯（大）在由主弹簧推压在阀座面上。同时，主锥阀芯也受到用小的通路中液压油回路压力的作用。

用小锥阀芯的弹簧进行压力调节（这部分是直动式溢流阀）。

回路的压力大于设定压力时，液压油推开锥阀芯，从主锥阀芯上部的腔通过小锥阀芯中的通路流到油箱口，使主锥阀芯上腔的压力急剧下降。由于该腔只通过小的通路与高压侧连接，所以压力一旦达到和油箱口的连接压力相同，即不再上升了。

由于主锥阀芯下面回路的压力上升，在该力作用下上举，将阀座面打开。

压力一旦下降，小锥阀芯再次压阀座面，主锥阀芯上腔的压力上升。在此压力下，主锥阀芯也再次被压在阀座面上，液压油的流动停止。

先导式溢流阀的开启压力和设定压力的差，与比直动式小很多。

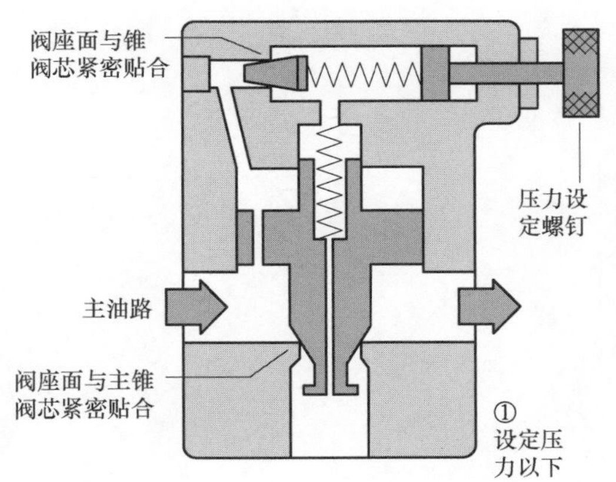

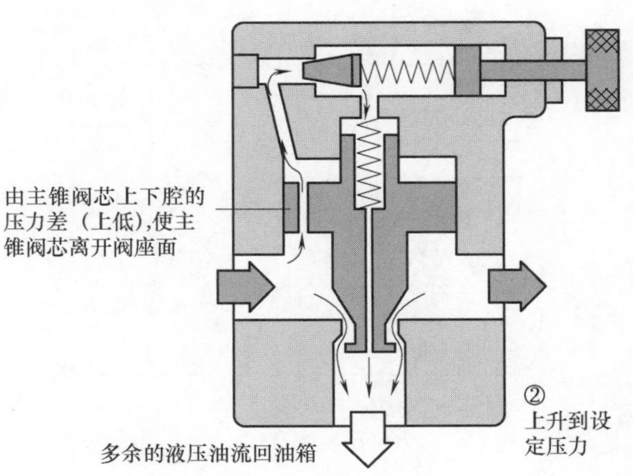

卸荷阀

把辞典等较重的书压到垂直的墙壁上且使其不从墙上掉下来，必须用相当大的力压住。书停在该位置上，胳膊不能伸缩，保持不动，不能说是工作的状态。尽管如此，随着时间的推移，胳膊疲倦、流汗，成了从事某种固定工作的状态。为了维持这种使胳膊肌肉紧张、伸出的状态，就必然要消耗体内的能量。

机床液压式卡盘卡住工件时的状态与此非常类似。抓住工件时的状态，卡盘部分不动。但为紧紧地抓住工件，液压系统必须持续施加一定大小的压力。

因为不需进行任何动作，所以没有必要往该部分流进液压油。流量可说是零。如果是仅仅为补给内部泄漏，那么有极小流量的补给就可以，所以一般在此回路上设置蓄能器（见第 130 页）。

除了机床卡盘以外，需要只保持力而几乎不需流量的机构和装置还很多，这种情况下液压回路上就需要使用卸荷阀了。

使用溢流阀（见第 82 页）时，泵的排出侧为高压，排量全部通过溢流阀返回油箱。

在溢流阀内部从高压降到接近大气压的低压力的过程中，产生与该压力差成正比、与该时的流量大小成正比的热，使液压油的温度上升。

此外，还存在不做功而消耗能量的问题，以及液压油的温度异常升高的问题。

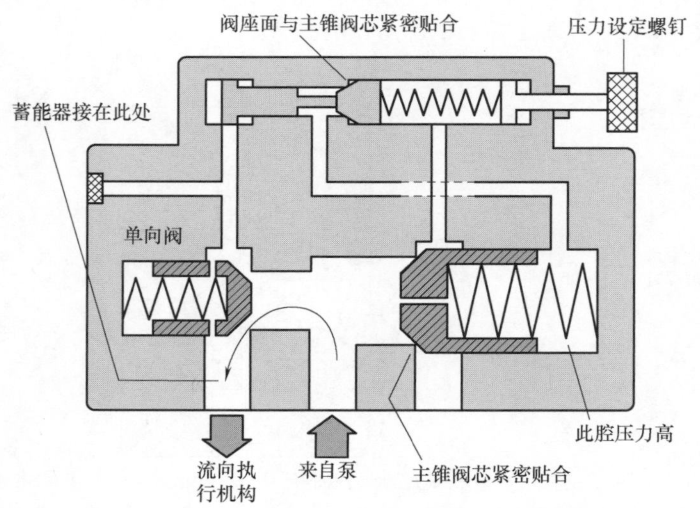

加载状态

从泵送来的液压油，被送到执行元件同时被储存在蓄能器里。

▲液压卡盘上使用的卸荷阀

卸荷阀的作用是，如果液压缸回路上的蓄能器的压力达到一定值，则阀内部的机构自动工作，把从泵排出的全部液压油无载荷地直接返回到油箱中。

来自泵的液压油不停地通过卸荷阀而形成返回油箱的回路。

液压缸回路（蓄能器回路）和卸荷阀之间还应放置单向阀，即使泵侧压力下降也不会产生逆流。由于能够保持液压缸的压力，所以系统所能提供的压力或推力不变。

从泵排出的液压油，因通过卸荷阀不停返回油箱，所以泵输出侧的压力与返回总压力大致相同，为非常低的压力，不消耗能量，也不使液压油的温度异常上升。

如果液压缸回路的压力下降到设定值以下，卸荷阀上面向油箱的出口自动关闭，从泵输出的液压油再次被送进液压缸回路，这个过程称为“加载”。

卸荷和加载的压力差一般在设定压力的10%以内。

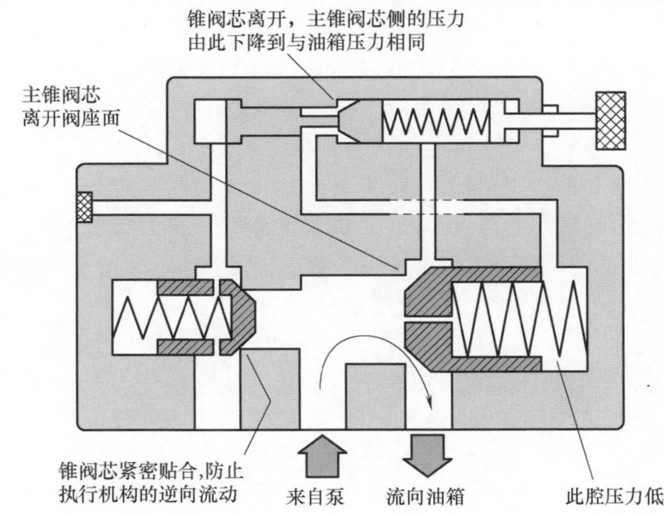

卸荷状态

从泵送来的液压油把主锥阀芯全部推压开，返回油箱。

执行元件侧保持着高压，泵侧与返回侧一样是低压。

减压阀

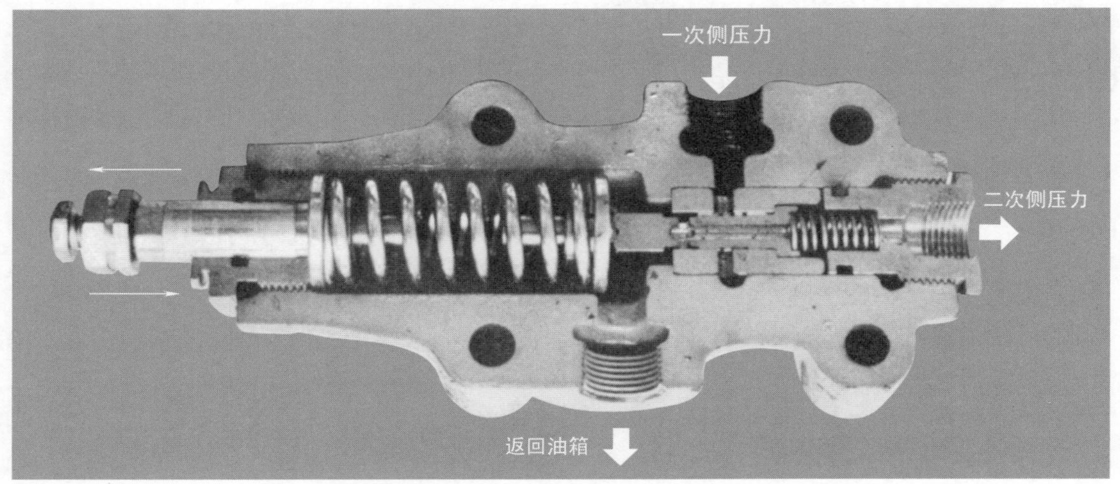

溢流阀为将压力严格控制在极限压力以下，泄漏量几乎化为零，采用把锥阀芯压在阀座面上的结构。

减压阀从使用方法考虑，没有必要严格控制泄漏量，所以阀芯采用滑柱型的结构。这种阀的入口压力称为一次压，与液压缸连接的出口压力称为二次压力。因为此二次压力不是油箱口的压力（大气压），所以必须注意。

不用说，二次压比一次压低，否则减压是不成立的。由于某种原因一次压比预定的二次压低时，就已经没有减压的功能了。

现在考虑一次压维持在正常压力的情况。

二次压只要没达设定压力，液压油就从一次侧流进二次侧。

二次压一接近设定压力，由于二次压的力比弹簧力大，便会把阀芯推回去。

二次压一成为设定压力，会使阀芯堵住一次压入口，液压油停止流动，二次压也会停止上升。

如果二次压下降，则一次压的入口会打开，补充液压油，返回到所定的二次压的压力。

因来自泵的一次侧的泄漏量或其他原因，二次压进一步上升时，二次压的力也进一步加大，使阀芯（滑阀）移动。此时关闭一次侧，油箱侧与二次侧连接使剩余液压油流出，返回到正常的二次压。

由于剩余液压油流出，使二次压力下降。但有的减压阀不具备这种减压功能。这种情况下，要另外配置溢流阀。

减压阀进一步发展，还有比例压力控制阀。

►①二次侧压力是设定压力以下，从一次侧流向二次侧。②二次侧压力上升，达到设定压力时，阀芯（滑阀）反推，来自一次侧的流动被切断。③二次侧压力比设定压力更高时，阀芯（滑阀）进一步反推，二次侧多余的液压油返回油箱。

只踩下制动踏板，减压阀内弹簧能压缩。只踩下车轮的液压制动器的踏板，换句话说压缩减压阀的弹簧，只要弹簧力增大二次压的制动压力就上升。

在大型飞机机轮用制动器及汽车制动器上，使用的只靠人力控制的液压缸等所产生的制动力是不够的。

必须利用由内燃机驱动的液压泵。蓄能器保持高压的同时把积存的液压油用于一次压。

比例压力控制阀也广泛应用于制动器以外的领域。

流量控制阀

流量控制阀——节流阀、分流阀

▲水道的水龙头靠节流阀控制流量

用茶碗、玻璃杯等小容器从水管的水龙头处直接接水时，一般不会把水龙头开到最大，只需拧开一点。若是开到最大，水流量过大，水会从茶碗或玻璃杯里溅出，杯子里的水是接不满的。

用水壶和桶接水时，将水龙头全打开，尽可能快点存满。龙头一旦打开到某一程度，再开更大水流量也不变化。这种水龙头就叫节流阀。

如果仅从功能方面讲，节流阀是能进行流量控制的阀，但水龙头与液压上普遍应用的流量控制阀稍有不同。

液压装置上用的液压控制阀，因载荷变动，阀的出口压力及入口压力经常变动，大小不一定。水龙头的管道压力大致一定，水龙头出口处与大气压力是一致的。

这样，节流阀（水龙头）入口压力和出口压力一定，没有变动时，根据节流大小能得到希望大小的稳定流量。水道水龙头仅仅是节流阀，能进行流量控制。

液压装置上用的流量控制阀，是以此构想为基础，将“使节流的入口和出口压力差一定的阀”和“节流”配合在一起。图中 A 部分是压力补充阀，B 部分是节流机构。

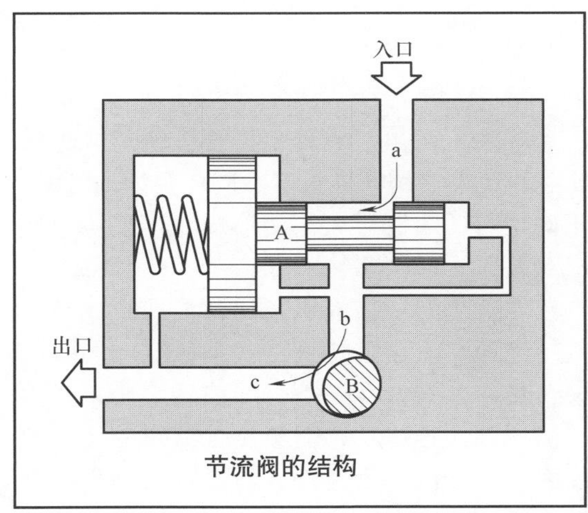

节流阀的结构

压力补充阀的作用是，在流量控制阀入口 a 的压力因载荷而变动、出口 c 的压力变动时，中心部的腔 b 和 c 之间的压力差总是保持一定。

如果 b 和 c 压力差一定，则调整管道的水龙头和类似的节流机构的大小（液压油通路的截面积），能够以稳定流量的状态进行控制。

为了得到稳定的流量必须注意的是，进入节流阀的流量必须比控制流量足够大。

换言之，泵的排量总比控制流量大，需要 10%~15%的额外流量，从设置在节流阀上游的溢流阀返回油箱。进一步说，这个流量为节流阀的最小稳定流量。

如果只把控制流量作为目标，使泵的排量没有浪费是最好的。然而使用可变排量的泵和随动机构配合等方法时，造价高，而且必须让多个液压缸在一台泵上工作，是非常困难的。

▲调节磨床工作台进给速度的节流阀

分流阀

分流器

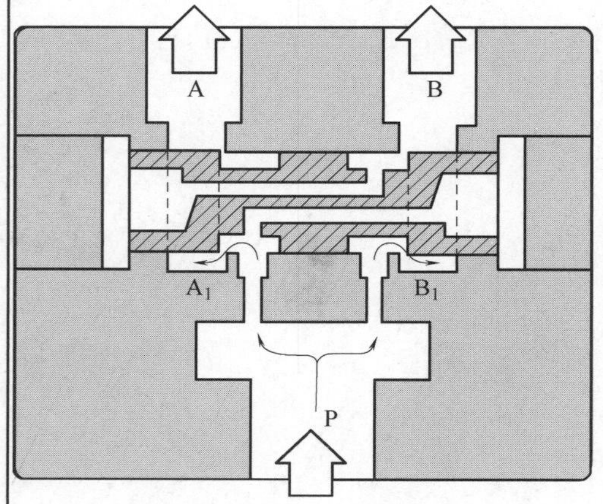

阀芯（滑阀）两端面设置着压力平衡用的小腔，使得从左侧进的油进入右端，右侧进的油导入左端，实现该腔压力平衡。左右哪一方的压力不均衡，阀芯（滑阀）就移到保持压力均衡的位置。从 P 入口进入的油通过 A_1、B_1 从 A、B 出口流出。

B_1 侧的压力加大阀芯（滑阀）向左侧移动，到压力相等 B_1 侧被关闭，A_1 侧放开。A_1 和 A、B_1 和 B 在阀芯（滑阀）里侧连接。

在液压泵出口放置 T 形接头就形成这种状态：正确使用同样长度、同样粗细的管线，正确地与两个同样大小的液压缸连接。液压缸双方都不加载荷。

为简化问题，液压泵的回油孔设成与大气压连通，设定已将管路和液压缸内的空气完全排出。在此状态下，即使从液压泵送出的液压油流速一定，但液压缸活塞的运动速度大小也不同。密封件、活塞环所产生的摩擦力大小不完全一样，是因为摩擦力稍小的一方的活塞运动快。

这样，即使假定为理想状态，使两个汽缸以同样的速度工作，可以说几乎不可能。

一般的液压装置需要将一台泵送出的液压油二等分，分别流向两个回路。

用两台起重机上举长桥桁，用液压缸抬起大舞台时，如果桥桁和舞台不能保持水平状态，就会非常危险。

因而所使用的起重机和液压缸需要以相同的速度工作。这样使两个以上液压缸用一样速度工作称为使液压缸同步。

为使两个液压缸同步，一种方法是使用分流阀。

分流阀是把从入口流进的液压油二等分，从两个出口送出进行工作的阀。此时即便两个出口上的压力不同也能实现二等分的功能。

然而虽说是二等分，也要考虑存在 4%或 5%的误差，必须预先弄清楚其安全性。

分流阀通常称流量分配器或单称分流器，只在分为两个相等流量时有效地工作。

分流阀

例如，上举桥桁将其安放在别的构造物上，或向拖车里装载货物，仅在上举时构成水平，操作完成后，起重机和液压缸活塞就没有必要用相同速度拉动。这样分流阀可以有效使用。

然而在升降大舞台时，液压缸的活塞伸出，不仅在上升时，使活塞向拉入方向活动，在下降时也必须保持水平。

使两股液流合流时，即使两股液流的压力各自不同，也必须用相等的流量使之合流。

这样，能把一股液流分为两支相等流量的流动，也能把两支流动以相等的流量合为一支流动，这种阀称为“集流阀”。

当然，即使两股液流的压力不同，可用一定的机构配合，而不影响其功能。

主液压缸和压力比例控制阀

载客车和拖拉机的制动器，用脚踩下制动踏板的距离与踏力成比例，或强效，或低效。载客车和中小型拖拉机中的制动器主要靠主液压缸工作。主液压缸是利用制动液的装置。

一踩下制动踏板，将主液压缸内的活塞推入，制动液被送进圆筒式制动器和盘形制动器的液压缸内。

液压油推动圆筒式制动器内的两活塞，使制动器内的弹簧和盘形制动器内的弹簧压缩，活塞压下弹簧，边压缩边伸长，使制动片压住滚筒或盘形制动器的转子。这个按压的力越大，制动力也越大。

在弹簧和圆筒或转子紧靠状态下，制动液的流动量极小。从此状态进一步踩下踏板，筒式制动器的压力与踏下的力将成比例上升。

压缩弹簧的力与主液压缸内的活塞截面积和制动器内的活塞截面积的比值成正比，与压力成正比。所以踩踏板的力越大，制动力也越大。

主液压缸因为是仅靠人力工作，所以动力的大小是有限的。载客车和中小型拖拉机用人力操作的主液压缸工作能获得足够的制动力。

然而大型车辆、飞机等需要非常大的制动力，要靠从动力装置驱动的液压泵送来液压油使盘形制动器工作。

将制动器踏板与压力比例控制阀的控制杆连接，即可使制动力与踩下踏板的力的大小成正比，并且可以确定制动片的压力。

双联压力比例控制阀

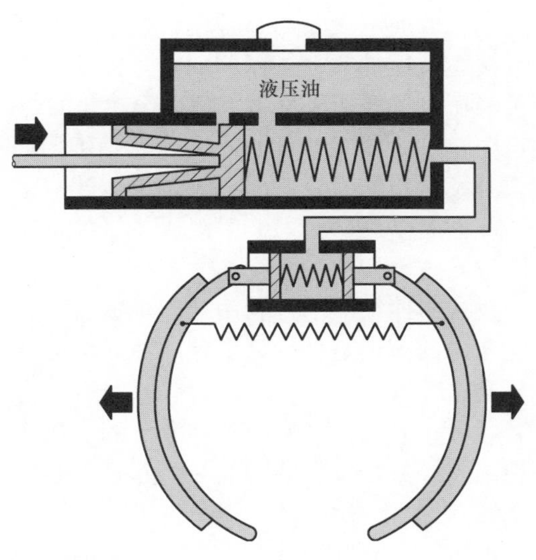

▲主液压缸的结构

压力比例控制阀是减压阀（见第 86 页）的一种。基本结构与减压阀相同。其机构是根据踩下踏板的力的大小确定减压阀压力设定弹簧的力。踩下踏板，放下阀的控制杆，会压缩压力设定弹簧。

在制动器上使用压力比例控制阀时，又称动力驱动制动器。

压力比例制动阀除了有动力驱动制动器的作用，还有更多的用途。

在离驾驶员远的位置的方向控制阀的控制杆上连接弹簧内装的小液压缸，它和设置在驾驶员身边的压力比例控制阀连接，能进行遥控。

可变容量型泵可用相同的方法进行远距离控制。

飞机的动力驱动制动器

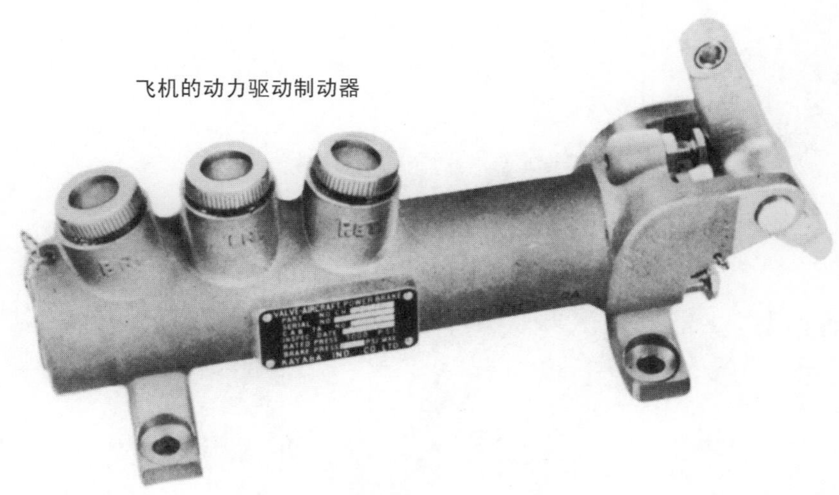

集成阀

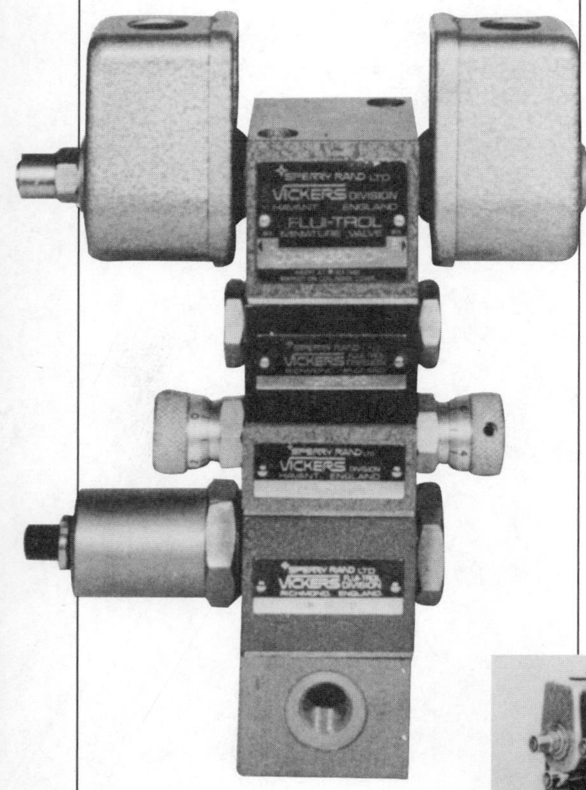

▲这个集成阀大约为实物的$\frac{1}{2}$。以电磁阀、单向阀、节流阀、压力控制阀为顺序

“液压装置是漏油的东西”这样认为是迷信。以前一段时期，曾流行过这种奇怪的概念。这并非很久以前的事。即使在各种液压机械开始在日本大规模国产化的20世纪60年代初，对上面的说法置信不疑的人也大有人在。

也可以说那时人们对液压机械的信赖感很低。

在那种氛围中，利用液压机械时，首先考虑的事情是“容易发现故障，能方便更换，修理”。

泵和节流阀、换向阀和节流阀、压力控制阀等数个种类的阀装在一起是很难实现的。

如果把电气领域“集成电路”的想法也利用液压装置来实现，无疑是非常便利的。可是如果编入其中的各种泵和阀混杂着不可靠的装置，则不能让人放心。

泵和阀或容易发生故障或混杂次品的几率大，即使在液压装置上利用IC（集成电路）的方法也很难使用。

20 世纪 60 年代后期，液压机械的故障率就非常低了，次品的混杂率也低了。在这种背景下，开始将具有各种不同功能几个种类的阀集合放在一起。

至此，为了连接阀和阀，采用了管路和集成块。集成块是用钻在铁和铝块上一定地方开孔，制成液压油的通路。当然，利用集成块时，如果各个阀不能安装法兰盘则会不方便。

集成块上安装若干种类的阀时，没有复杂的管路，很简洁。各个阀能单独安装、拆卸。但因是铁或铝的块所以整体非常重。

在大而重的集成块上，没有管路，把各个阀集中装在一个地方的也是“集成阀”。

装进这种集成阀中的若干种阀，如有一个发生故障，就得将块全部拆开。于是将故障率和次品率非常少而性能可靠的各种阀组成一套，就得到了集成阀。

随后使用“IC 化……”等形容词的集成阀商品目录也出现了。然而此处的集成阀内容单纯，与电子学领域的 IC 不能同日而语。

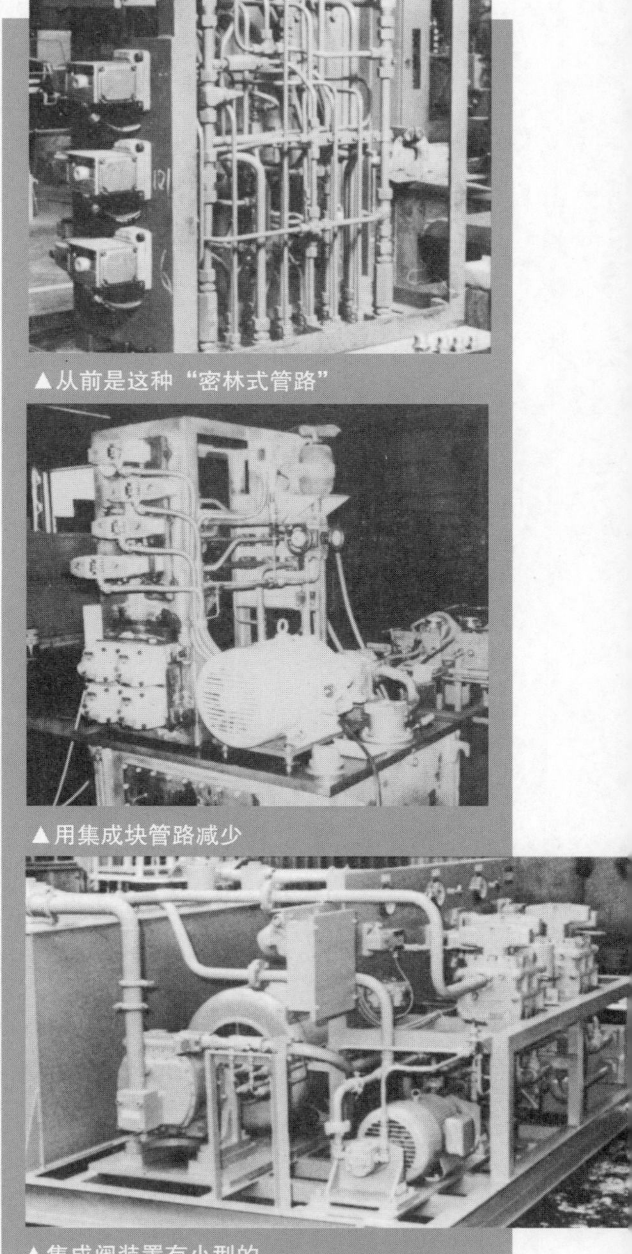

▲从前是这种“密林式管路”

▲用集成块管路减少

▲集成阀装置有小型的

电和液压结合

为了实现把电的优点和液压的长处相互组合起来的设想，于是便出现了电磁阀和液压伺服阀。

电的传导速度和光一样，是最快的一种传递信号和指令的手段。

液压装置中压力传达速度随液压油的种类不同而不同。一般可以认为其速度为1000m/s。压力传导速度与电的传导速度相比，毫无疑问是很慢的。

因而如果传递信号和指令的回路用电，传递动力进行工作的回路用液压构成，就能形成可以发挥各自长处的装置。

●电磁阀

电气回路传递来的信号和指令，是“电流流动？不流动?”的ON、OFF式最单纯的东西。为把对应ON、OFF电信号的变化传递给液压回路，通常使用电磁阀。

换句话说，电磁阀是只能把ON、OFF那种单纯的电信号转换送进液压机械中的机构。

电磁阀一般被使用于换向阀中。就是说，按下ON时电磁石工作使阀芯（滑阀）移动，按下OFF时在弹簧力的作用下返回原位。电磁石只放在一侧的称为单螺线管型，安在两侧的称为双螺线管型。另外，双螺线管型也有没有弹簧的无弹簧型。

电磁阀进一步发展，有了电磁式压力比例控制阀（SPPC阀）。它是利用电磁力与流经线圈的电流大小大致成比例的原理制成的压力控制阀。

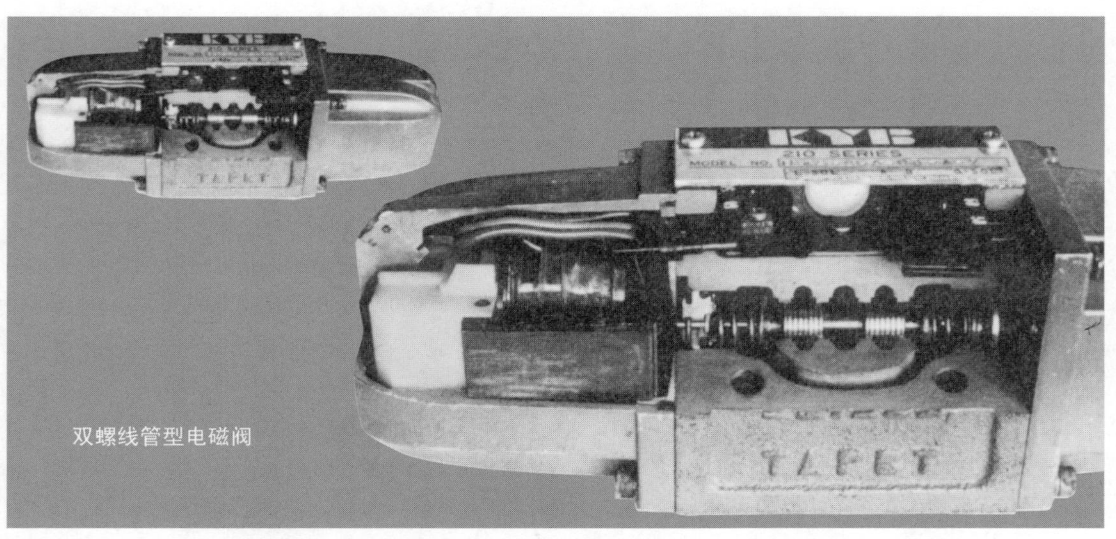

双螺线管型电磁阀

电磁阀靠电磁石使换向阀的阀芯（滑阀）移动，SPPC阀也是靠电磁石使锥阀芯和阀芯（滑阀）移动，将电信号变换为液压。

用产生比较小的力的电磁石直接移动锥阀芯和阀芯（滑阀），从接收电信号到移动完了需要一些时间。

这个时间一般是0.02~0.03s，可以说是很短的时间，但如果与电信号传来时间比较，可以说是非常长的时间。

从接收指令到按指令发生行动，好像有点慢悠悠浪费时间。

如果除去这个缺点，可以进一步发挥电液各自的优点。为了发挥两者的长处而制成的装置上有电·液压式伺服机构。

●伺服阀

伺服阀是巧妙地变电为液压的机构。它一般采用这种手法：一旦把电信号变为液压信号，用该液压信号使换向阀的阀芯（滑阀）移动。

在把电信号变为液压信号的机构中，采用喷嘴和阀瓣。

阀瓣做得非常轻，即使用电磁石那样小的力也能使之灵敏快速地移动。

阀瓣一移动，换向阀的阀芯（滑阀）因失去支撑使两端面的液压不平衡，再次移动到平衡的位置。这是伺服阀的要点。

伺服阀从接收电信号到阀芯（滑阀）移动完成的时间比电磁阀所用的时间短很多。可以说由于使用伺服阀可以构成充分发挥电优点的液压装置。

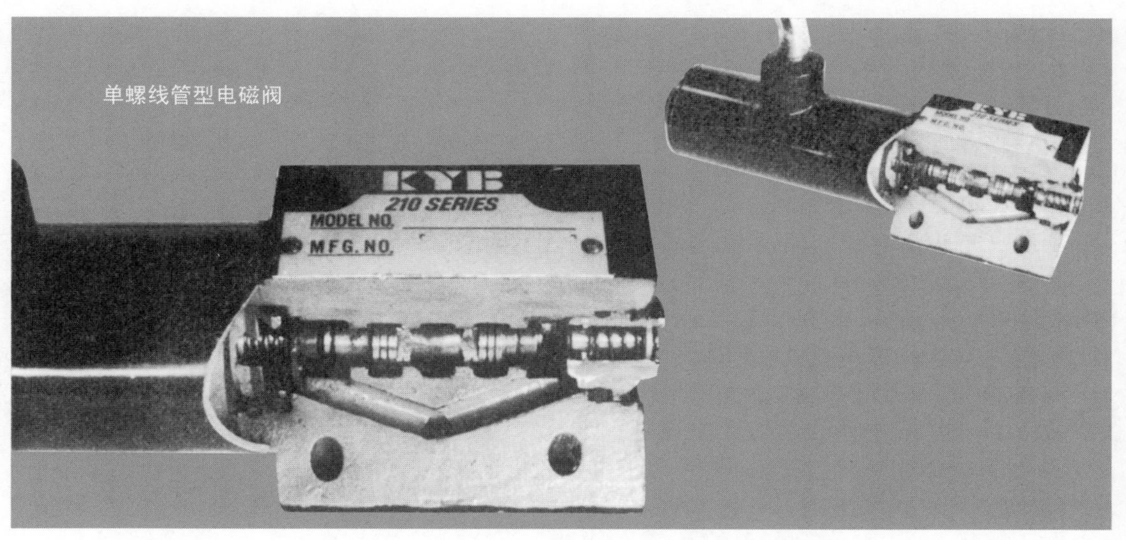

单螺线管型电磁阀

电液伺服阀

飞机自动控制系统所用的伺服阀，近来数控机床和工业机器人等广泛应用在一般产业用的机械装置上。

说到伺服机构就想起“自动控制”、“仿形加工”等代替人进行工作的机械。

那不是或上或下、或出或拉等简单的操作。而是一边要弄清周围环境，一边要按指令进行控制，或者按指令进行高精度的曲线加工的高难度操作。

伺服机构除机械式、电气式、气压式、液压式之外，还有机械+气压式、机械+液压式、电气+气压式以及电气+液压式等。

其中电气+液压式伺服机构可以说精度高、使用方便，是应用较多的一种机构。可以想象，在未来汽车上装的自动控制装置中，电气+液压式伺服机构最有望成为其中的核心机构。

电液伺服阀是该电气+液压式伺服机构的主要部分。

电液伺服阀也分为很多种。这里只介绍一般使用的普通伺服阀的结构。

把能量非常小的电信号通过喷嘴和阀瓣配合机构变成液压信号。进而靠该液压信号微小调整阀芯（滑阀）调节液压油的流动状态。

通过改变该调节执行元件的工作状态，微小的电信号能使执行元件输出能量大大改变。

先简单介绍一下阀瓣及把变位加到阀瓣上的转矩电动机的活动。流经线圈的电流（信号电流）一变化，阀瓣通过电磁力向左右沿某指定的方向和指定的距离移动。

连接靠近左右某个阀瓣的喷嘴的工作通路处，压力变化大一些。

假使阀瓣向左移动，P_1变化大一些，P_2变化稍小一些。该通路连到阀芯（滑阀）的两侧面。推力从P_1变化稍大，P_2侧变化稍小，使得支撑阀芯（滑阀）的两端面的力不平衡，阀芯（滑阀）向P_2侧移动。

阀瓣一逆向移动，阀芯（滑阀）两端面的压力也逆向变化。

液压油的流动变化，执行元件停止按指令的活动时，则流经两个线圈的电流差消失。

阀瓣返回中间位置，阀芯（滑阀）也恢复到中间位置。

◀使用电液压伺服机构的车床的仿形装置

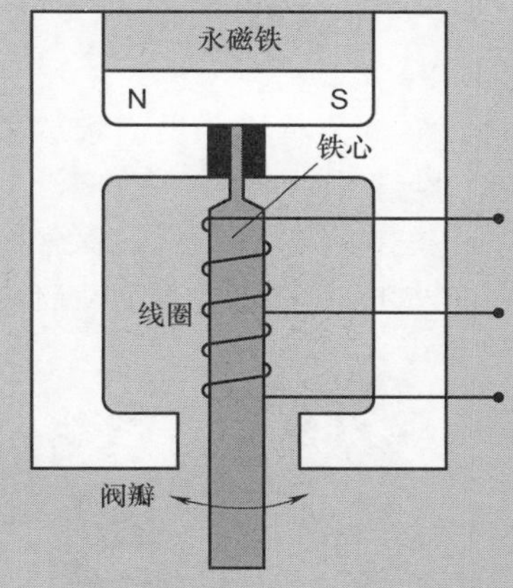

▲转矩马达流经卷在电枢上两个线圈的电流差一出现铁片就弯曲

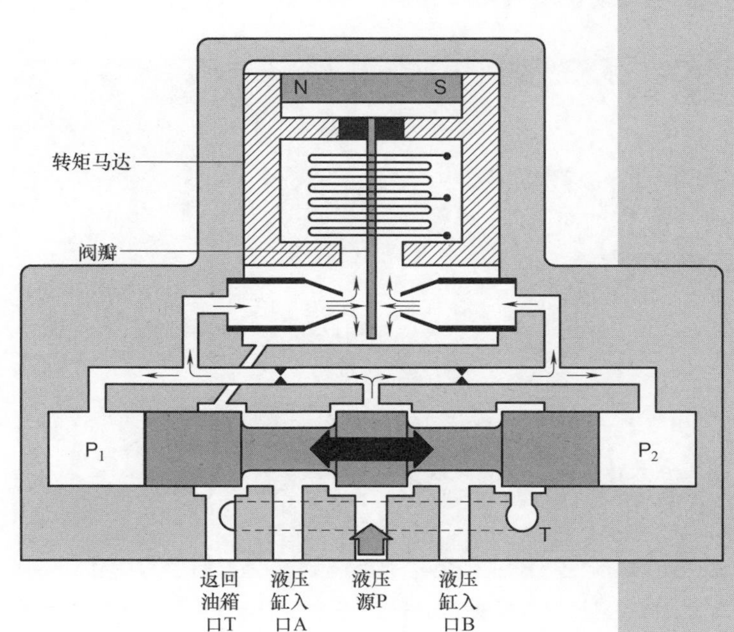

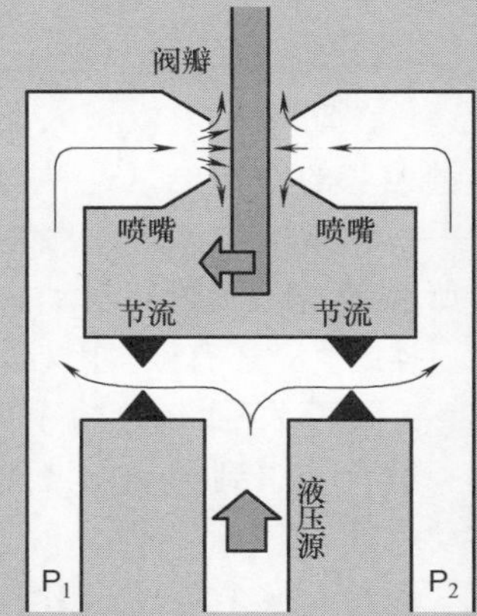

▲阀瓣一接近喷嘴，从喷嘴流出时的阻力增大，所以通向该喷嘴通路的压力上升；一旦远离，压力下降

由液压驱动的机械臂

为将原子反应堆放射线与工作的人隔离时广泛使用机械臂。进行海底探索的潜水艇上，装备着能从艇内操作的机械手。

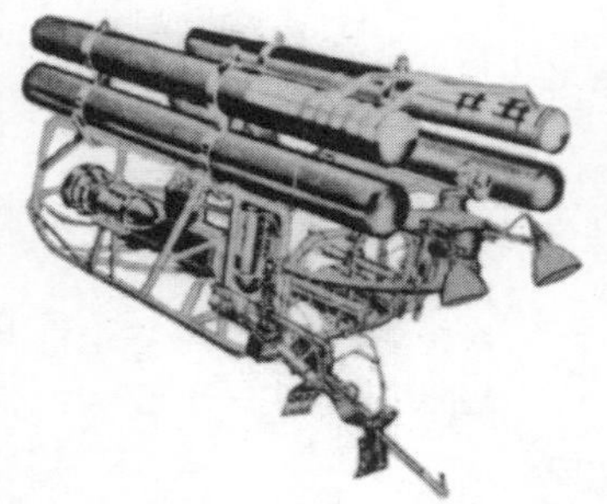

在动画片中机械人的力量无双的手臂也是这种机械手。在现实中不像动画片中那么美妙，要得到与动画片一样的手臂还有很多困难。

要开发强有力的手臂，一般首先想到的是用液压传动装置。

如果换个角度来看，挖掘机也可被视为是利用液压的巨大机械手。驾驶员通过控制杆操作使手臂伸展、弯曲，驾驶员成为巨大手臂的头脑。

驾驶员要清楚控制杆放下方式和液压缸的工作方式。因为驾驶员知道这些，通过操作控制杆给手臂下达指令，让手臂能按设想的方式工作。驾驶员可以用眼睛观察手臂是否按指令工作。

无论挖掘机的手臂、发动机的动力元件多强，要是驾驶员的头脑、眼睛和手不协调一致，就完全不能起作用了。

核反应堆等处用的机械手上设计有类似的装置，能与放射线防护壁外侧操作者的手臂进行同样活动。操作者伸手臂，机械手也伸，弯曲时机械手也弯曲。

进行这种活动的机械手叫做“从动装置机械手”。

和挖掘机的手臂不同，伺服阀和伺服机构需要进行与人类似的灵活动作。

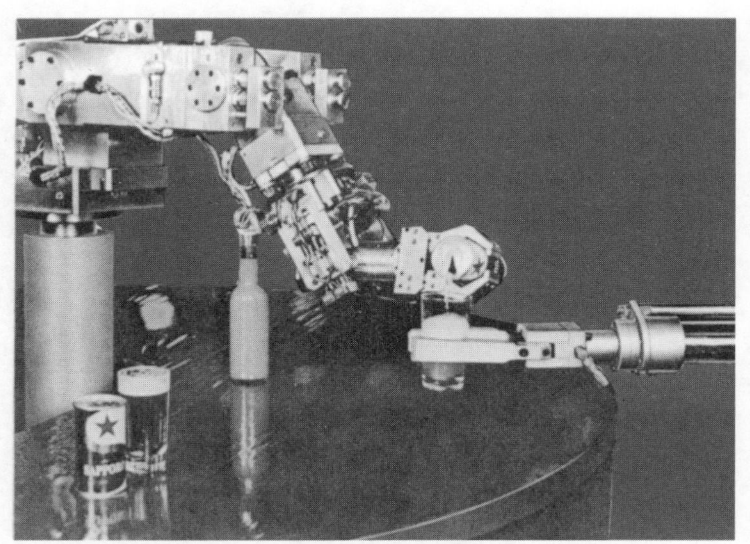

▲用机械手打开啤酒瓶盖，向另一只手拿着的玻璃杯里倒啤酒且不洒出，生硬冰冷的手臂接受指令准确完成

执行元件

执行元件概述

液压缸　挖掘机和飞机等

在大街上时常看到的建设机械有挖掘机。它挥动不可想象的巨大机械手臂，挖掘地面，铲起砂土，然后转向把砂土装进自卸车。

这个手臂是由 3 个或 4 个液压缸组合在一起而成的。在臂根部分有液压缸和齿条齿轮组合成的旋转装置，还装有液压马达。

这种内部装有液压装置进行工作的机械总称为液压工作系统。

为使液压工作系统进行工作，就需要泵、阀及其他很多机械。此液压工作系统和连杆机械、齿轮、凸轮等各种机构组合，使之能进行预期的工作。

在液压工作系统中最广泛使用的是液压缸和液压马达。此外有旋转范围为 80°、90° 和不大于 360° 的摆动执行元件。

液压缸用来进行直线性往复运动。它可以说是大部分液压机械中不可缺少的装置。仓库、工厂、货站广泛使用的叉车上，最重要的机构就是液压缸。

液压马达用来输出轴的旋转运动。

液压马达、起重机或混凝搅拌机车　　摆动执行元件　阀的开闭等

液压泵上固定着中心轴，靠旋转筒进行工作。

各种起重机特别是船舶用起重机上特别需要这种装置。能以不同速度进行装卸货的液压式起重机，可在很大程度上提高码头装卸工作效率，显著缩短货轮停泊时间。

近来履带型车辆在行驶中采用液压马达的例子非常多。拖拉机等轮型车辆利用液压马达统一行驶的机构也越来越多。

摆动执行机构有液压缸型的和电动机型的，两种各有优缺点。船口盖开闭所用的转矩铰链可说是液压缸型的代表例子。

液压缸的结构

从功能上分析液压缸，大致可分为只能用于“推”方向的单作用液压缸和用于“推”和“拉”两个方向的双作用液压缸。也有将双作用液压缸的结构用于单作用的情况，此为例外。

●单作用液压缸

单作用液压缸的代表是液压千斤顶所使用的压头液压缸。由 1 根活塞（ram）和 1 个液压缸筒（barrel）构成。

一般把此液压缸筒称作液压缸。液压缸也可作为气缸使用，因其构成筒形零件也称气缸，所以必须注意。

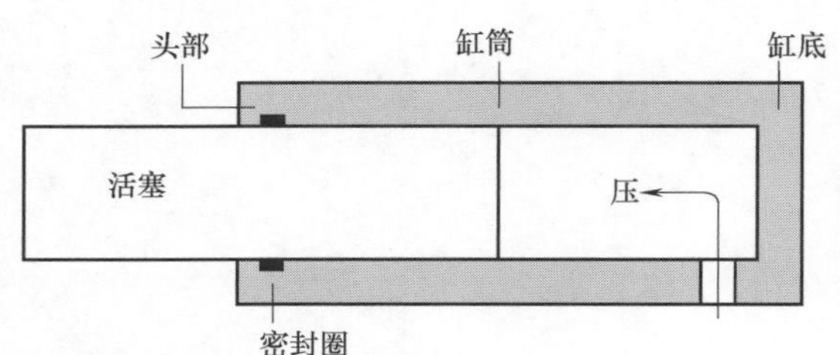

▲单作用液压缸仅有“推”的作用

第二次世界大战时的叫法与现在不同，那时把气缸称为“工作筒”，可是现在考虑其意思和对象就不通了。

此液压缸筒的底部称为液压缸底，活塞活

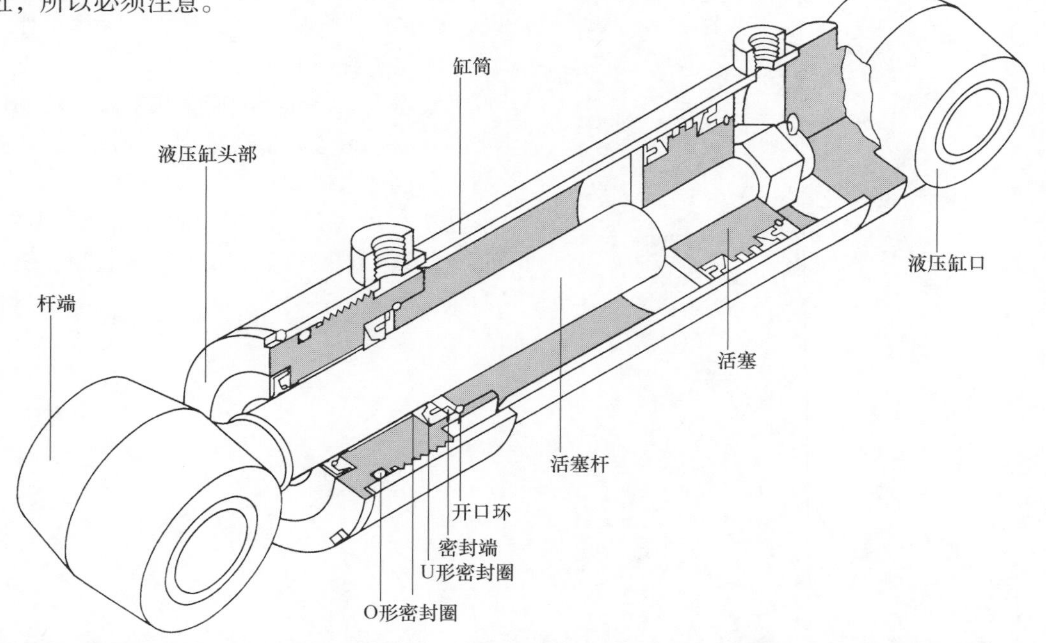

▲双作用液压缸从底侧——注油，就产生“推”的作用，从头部——注油就向“拉”的方向动作

动接触部分称作液压缸头部。

压头液压缸是仅在此液压缸前部设置密封部分的。该密封圈产生一定载荷，起到防止压力增高后液压油泄漏的作用。

由于压头液压缸不存在与液压缸筒内面接触的零件，所以内面加工无须注意。因而与复杂的形式相比，其制造成本较低。

●双作用液压缸

双作用液压缸和压头液压缸重大的区别在于活塞被装在活塞杆上。液压油从底侧入口注入时，向“压”的方向移动，如从前部侧的入口注油，则向“拉”的方向移动。

活塞在液压缸筒内面活动，必须完全防止从底部向头部或从头部向底部的泄漏。液压缸头部不用说，也要放置密封圈防止向外部泄漏。进而用防尘圈防止外部的脏物、尘土侵入液压缸头的活动部位。

此外为了减少行程末端的冲击，也有内装缓冲器机构的液压缸。

液压缸能够向外产生作用力的大小，与液压缸相连接的回路中的压力能升高到多大有关，换句话说是由该回路溢流阀的设定压力决定的。

使用压头液压缸时，活塞截面积（cm^2）

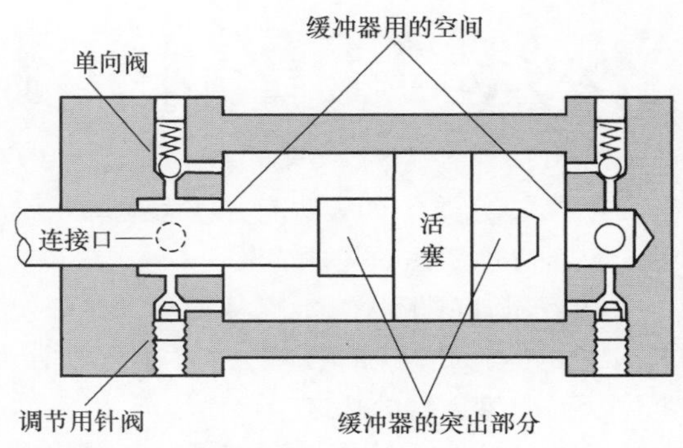

▲内装缓冲器的液压缸

和回路的最高压力（kgf/cm^2）的乘积为压头液压缸的最大推力。回路的设定压力是 $140kgf/cm^2$，活塞的截面积是 $5cm^2$ 时，推力最大能达到 700kgf。

这样，压头液压缸中活塞截面积成为受压面积。双作用液压缸活塞截面积成为求压力时受压面积。然而“拉”时的受压面积为从活塞的截面积减去杆的截面积。

活塞直径为 6cm，活塞杆的直径为 3cm 时，活塞截面积为 $28.260cm^2$，杆截面积为 $7.065cm^2$，其差为 $21.195cm^2$。

如果回路的设定压力是 $140kgf/cm^2$，“拉”作用能产生的最大力为 $21.195cm^2 \times 140kgf/cm^2 = 2.9693kgf \approx 2.97t$。

液压缸的种类和安装方法

液压缸分类，有从功能方面考虑和从结构、装配方面考虑的几种情况。

从液压缸的形状看，容易理解，在活塞杆伸长的状态下施加横向的力，杆会弯曲、折断，这是液压缸的缺点。

在推力方向、拉力方向都可以承受很大的力，但承受横向力的能力却很弱。因为这一点在使用中必须常常寻找补偿的方法。

在机床和工厂内各种机械上使用液压缸时，如果另一个机械是精密加工的，要通过一定的安装方法，消除来自液压缸横向力的作用。如可以使用“安装脚座”和“法兰盘框架”的液压缸。

用 4 支拉杆组装的拉杆型液压缸，在机床和工厂内其他各种机械中被广泛采用。

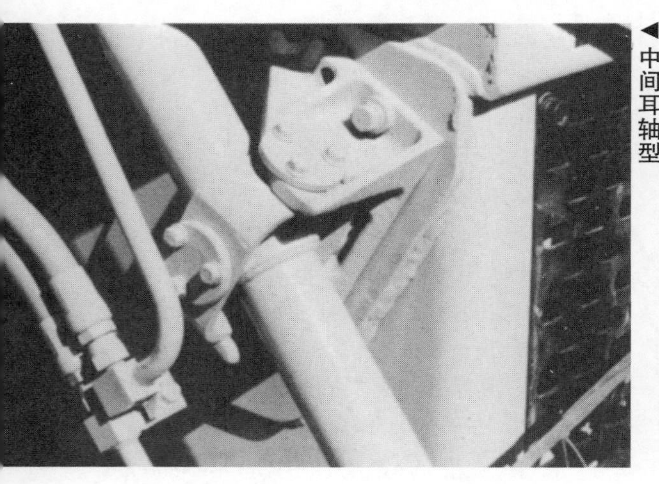

◀中间耳轴型

▶一端U形环型

但是对于非常大型的液压缸，如建筑机械那种在极恶劣的条件下使用，并不是特别适合。建筑机械要使用焊接结构的液压缸。

也大量使用两端同时安装 U 形环型或杆头一侧安 U 形环型另一方安装耳轴型的液压缸。

其中也有反向旋转的特殊液压缸。还有大型、大载荷用的液压缸，行程小的小载荷用薄板型液压缸等。

此外还有许多种类，但其最基本的不同在于液压缸的“头”和“底”用什么方法连接。应按照其实际的使用条件选用有效的、合适的结构。

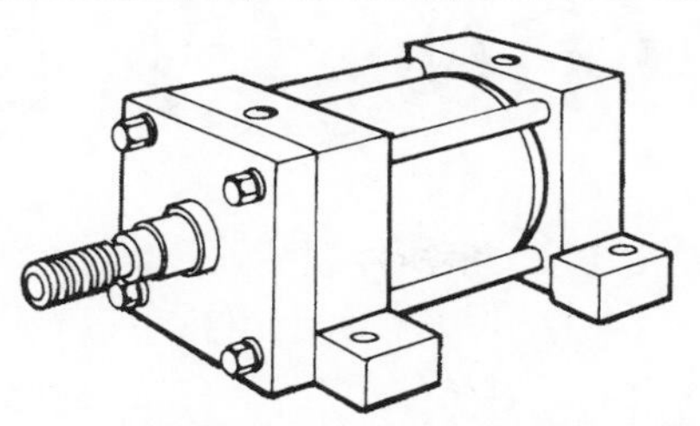
垂直方向安装角座型　安装拉杆型

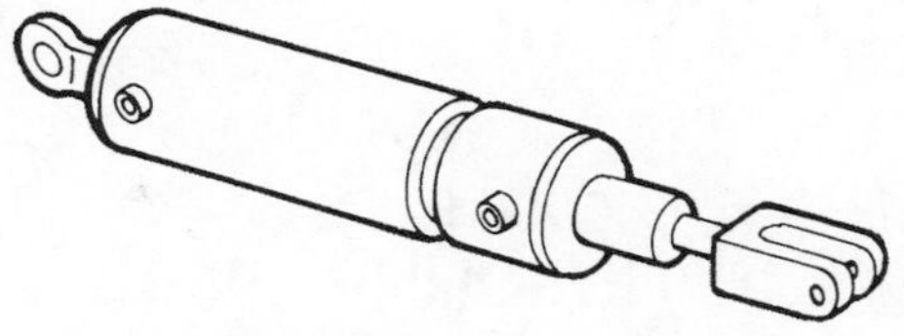
两端都装 U 形环型（两端拉杆）

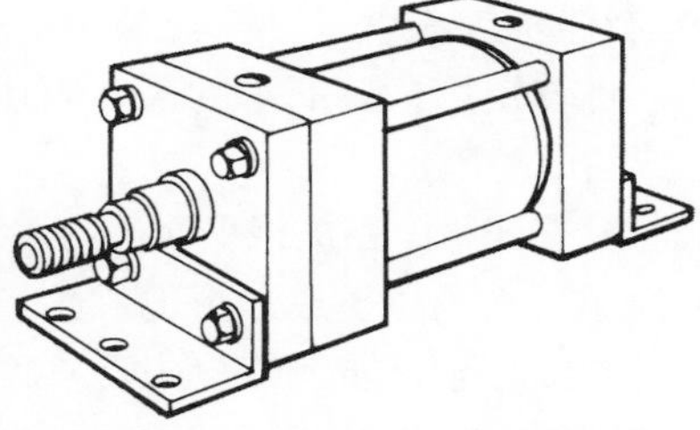
轴向安装角座型　安装拉杆型

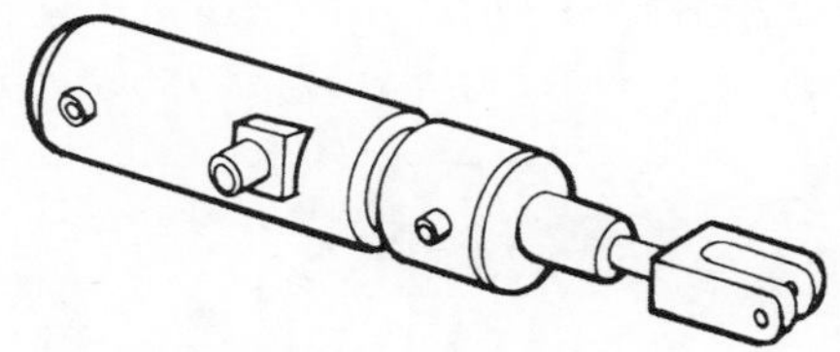
拉杆 U 形环型　中间耳轴型

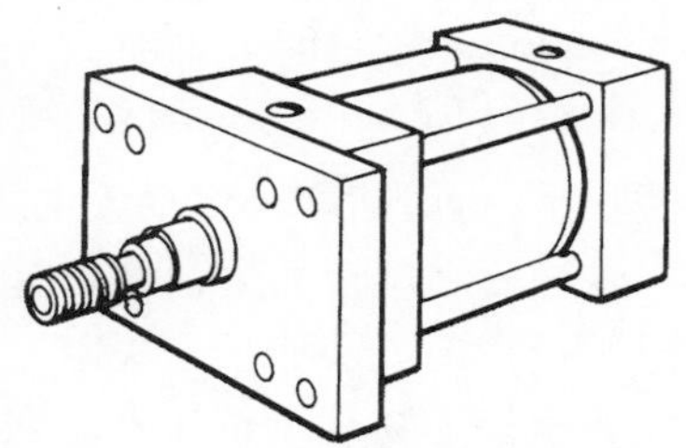
拉杆法兰盘框架型　安装拉杆型

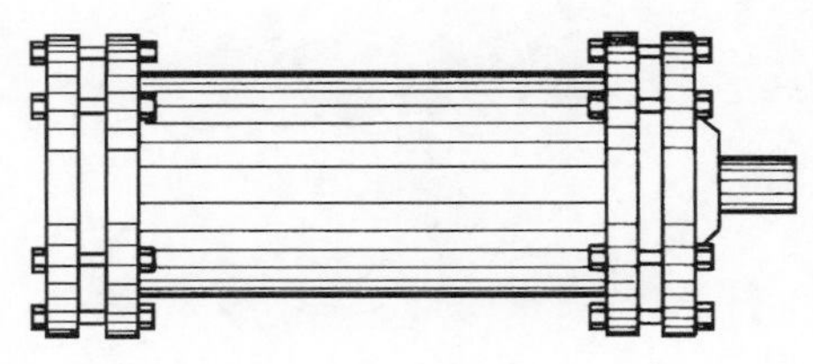
大载荷用液压缸

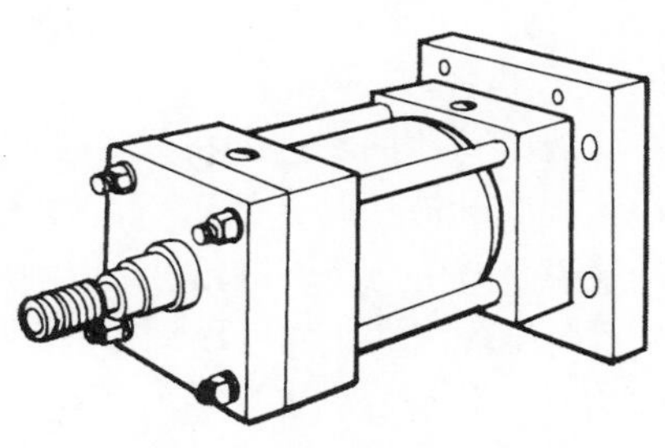
头部法兰盘框架　安装拉杆型

液压马达的转矩和旋转速度

液压马达和电动机的相同点是使其输出轴旋转，通过带动连接在输出轴上的各种结构转动进行工作。然而与相同功率的电动机相比，液压马达的体积更小。

虽然适合使用这种体积小、质量小特征的地方很多。但必须适合驱动马达的液压装置合适。用在使用液压马达可获得更多价值的工作上。

在使用液压马达时，不能缺少以电动机或发动机为主体的动力元件以及与此动力元件相连接的液压控制装置。

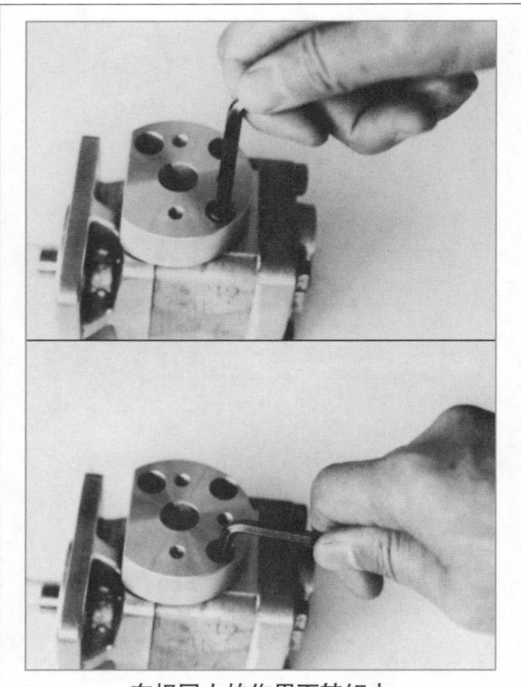
在相同力的作用下转矩大

考虑到包含动力元件、液压装置以及液压泵时，其价格是相当高的。因此要严格确认此项工作是否必须用液压马达。

为理解液压马达的特点，必须先了解的名词就是“转矩”。

将转矩用极其简单的语言表述就是“使之旋转的力”。

要拧开紧固在机械里面的内六角螺栓时，可使用将六角棒折成L形的六角形扳手。把L形中长的部分插进螺栓头，拿着短的部分拧动螺栓，如果螺栓不转再反向插进，拿长的部分拧松。

这样也拧不动时，可把合适的管子插进柄部，把柄加长来旋转螺栓。另外，也可不使用扳手，而请胳膊有劲的人也能够松动。

这样使之旋转的力，由“柄的长度”和“作用力的大小”两个因素决定。

转矩作为物理量意味着“在距柄1m的位置上作用1kgf的力”即kgf·m。在柄距50cm的位置上作用10kgf的力时的转矩为0.5m×10kgf=5kgf·m。

液压马达向相连的机构传递的转矩的大小，与驱动液压马达的压力大体成正比（准确地说是液压马达入口和出口上的压力差）。

每个液压马达都被规定了最大使用压力。施加一定载荷达到该压力时，最大使用压力下的转矩即为最大输出转矩（加给液压马达的压力依照负载大小确定）。

其次，液压马达的旋转速度与流入液压马达的液压油的流量成正比。

液压马达转 1 周所需液压油的量 50cc 时，表示为 50cc/r。

用 500r/min （1min500 转的速度）驱动该马达时，如不考虑内部泄漏，需要 $0.05L/r \times 500r/min=25L/min$ 的流量。

在使用液压装置时，流量能通过简单操作自由变化，根据操作人员的需要选择任意速度。

这样，从转矩和旋转速度两方面来看液压马达，对于电动机和内燃机不能进行的工作，使用液压马达可以做到。

因而，它具备这种非常方便的特征：从低速到高速在一定的输出转矩下，可选择任意速度进行工作。利用液压马达时最重要的是最大限度发挥该特征。

●液压马达

转矩和旋转速度

低速旋转也能取得大转矩

转矩

最大使用压力下得到最大输出转矩，与压力大致成比例

旋转数

通过改变流量很容易使之变化

●电动机

转矩和旋转速度

旋转速度一下降（电压下降）转矩就不足

转矩

加大电流时转矩增加

旋转数

通常在转数一定时使用，高速旋转，需要减速器

齿轮液压马达和叶片液压马达

液压马达的内部结构与液压泵非常相似。

液压泵是把输入轴与电动机和内燃机的输出轴连接而使之旋转，把液压油从油箱输送到各种机械。

然而液压马达是从马达入口把液压油强制性送进液压马达，使输出轴旋转，从而使与此输出轴连接在一起的机构运动，由此进行工作。

其工作方法与泵相反，但液压马达也有和液压泵大体相同的分类。同样，制造成本也与液压泵非常相似，广泛大量使用齿轮液压马达和叶片液压马达。

与活塞液压马达比较，虽然最大使用压力、内部泄漏和起动转矩性能稍稍不足，但成本低，所以各种机械上采用齿轮液压马达和叶片式液压马达。

●齿轮液压马达

与有外啮合齿轮和内啮合齿轮的液压泵相同，液压马达也有外啮合、内啮合齿轮的液压马达，内啮合齿轮型同样有次摆线齿型、带隔板型等。

外啮合齿轮液压马达可以说是这当中成本最低的液压马达。市场上出售的液压马达可在旋转速度范围为 500~2000r/min、工作压

伊罗塔液压马达的结构和原理

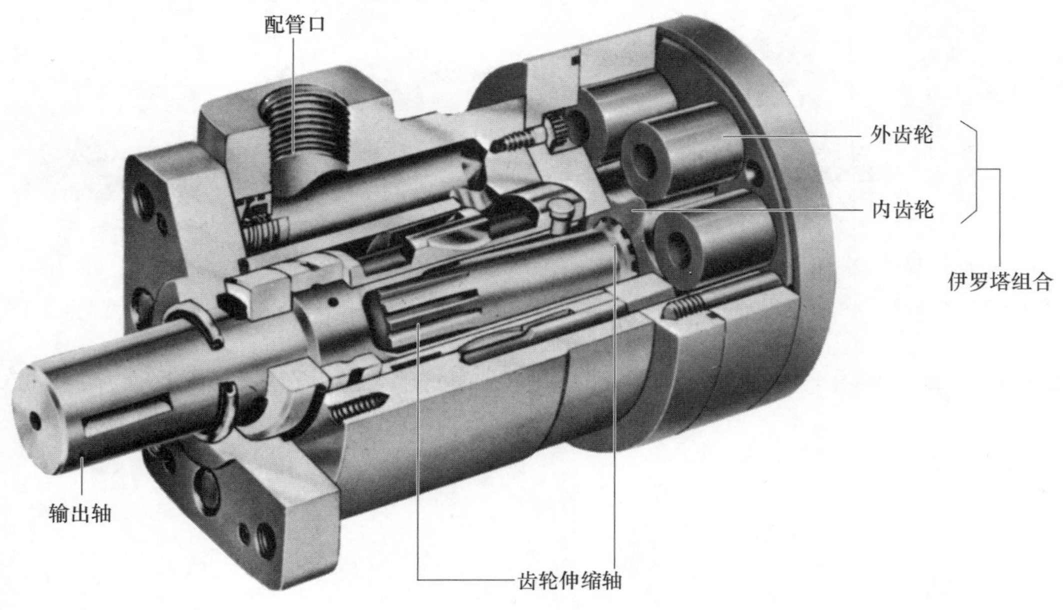

力为 170~210kgf/cm² 时稳定使用。旋转速度接近 3000r/min 时齿轮液压马达会发出特有的噪声，所以需要注意使用环境。

内啮合齿轮液压马达噪声小，可方便地使用。其中以商品名为“轨道液压马达”和“伊罗塔液压马达”的次摆线齿型内啮合齿轮液压马达使用最广泛。它是由外齿轮，内齿轮、旋转轴和确定液压油流向与分配位置的转换开关构成。

速度范围为 20~500r/min， 一般作为低速液压马达使用。

●叶片液压马达

与液压泵相似，液压马达也有使轴承载荷平衡的平衡型，在高压下使用的叶片液压马达同样具备平衡型的内部构造。

转子
B
A
A
B
B
A
叶片
A
B
A—吸入口
B—输出口

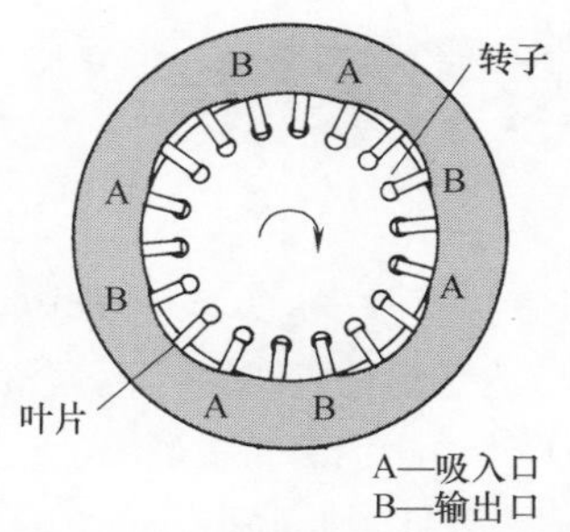

▲双作用叶片液压马达转 1 周，叶片转 4 周

叶片液压马达采用相对输出轴转 1 周、叶片转 3 周或 4 周的双作用型。使输出轴的转矩变成为小等级可作马达使用。

小型轻载的叶片液压马达，有 2 枚叶片或 4 枚叶片极简单结构的，当然是非平衡型。

内齿轮
外齿轮
外齿轮圆心的轨迹
高压油
低压油
1
2
3
4
5
6
7
ⓐ零位置
ⓑ轴旋转1/14
ⓒ轴旋转1/7

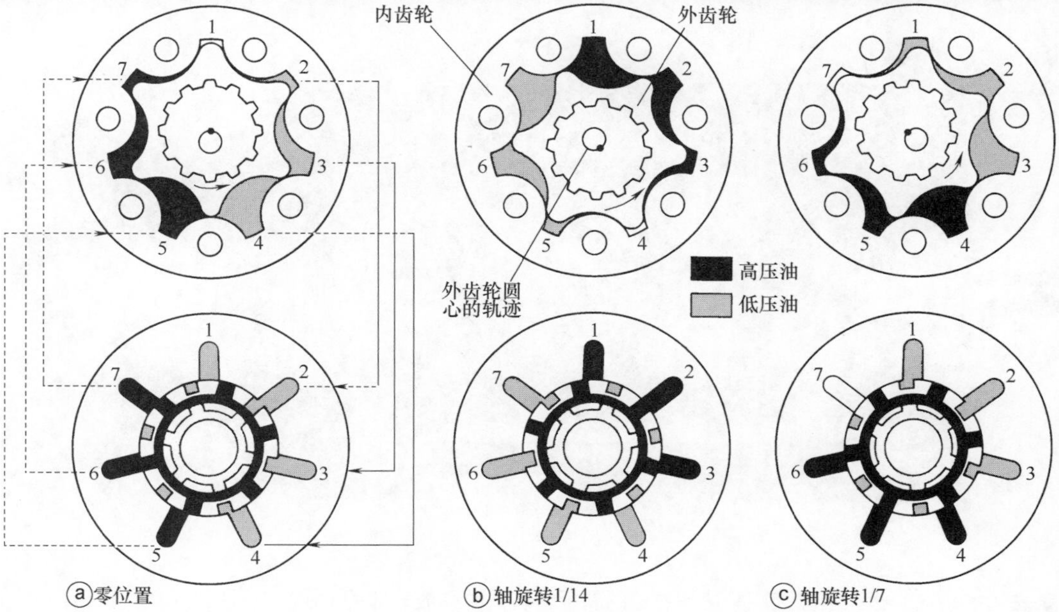

活塞液压马达

为了满足对液压马达的高度要求，可以说活塞液压马达是最适合的。与齿轮液压马达和叶片液压马达相比，活塞液压马达的缺点是结构复杂、零件多而成本高。

可是作为液压马达，由于它具备优异的功能，不但被广泛、大量使用，而且后续开发了非常多的型号、种类的活塞液压马达。

与活塞液压泵相同，有把活塞与输出轴平行并列的轴向活塞型，也有把活塞对输出轴成直角方向并列的径向活塞型。

轴向型活塞液压马达适于 300~3000r/min 或 5000r/min 的高速旋转，而且属于高转速低转矩的液压马达。

径向型活塞液压马达适于 10~300r/min 或 500r/min 的低速旋转。

根据该马达功能，选择合适的活塞根数，一般采用相对马达中心轴对称分布的星形结构，如 5 根、7 根或 8 根等。与具有相同功率的轴向活塞液压马达相比，由于可获得更大的输出转矩故属于低速旋转大转矩马达。

该径向型活塞液压马达中，分为马达中心部不旋转和中心轴固定、马达套部分旋转

▲左边的轴向斜板型活塞液压马达和右边的斜板旋转式泵构成一体的 **HST=液压式变速机**（见第 154 页）

的类型。

如果把马达套做成类似卷扬机圆筒的形状，则液压起重机的结构就非常简单。

在某种车辆上，可采用把该型液压马达组合在车轮之中，使车轴不旋转只车轮旋转行进。

将活塞液压马达再细分形式和种类，将是无止境的。

只有轴向活塞液压马达与液压泵相同，相对斜轴型有斜板型，这些更可细分为许多种类。

针对使用目的不同，为进一步提高效率，工程技术人员反复思考，结果产生出了如此多种多样的活塞液压马达，在许多领域中被广泛使用，具有很高的使用价值。

▲混凝土搅拌运输车的轴向斜轴型液压马达

▲径向型活塞液压马达

▲外壳旋转式径向活塞液压马达

摆动型执行元件

液压马达，是使输出轴以较快速度连续旋转而进行工作。

非常重的门的开闭、水闸的开闭、船舶舱口盖的开闭以及大型蝶阀的开闭等，工作角都是 90° 或 180° ，没有必要旋转 360° 。

将减速机构组装在液压马达上，也能实

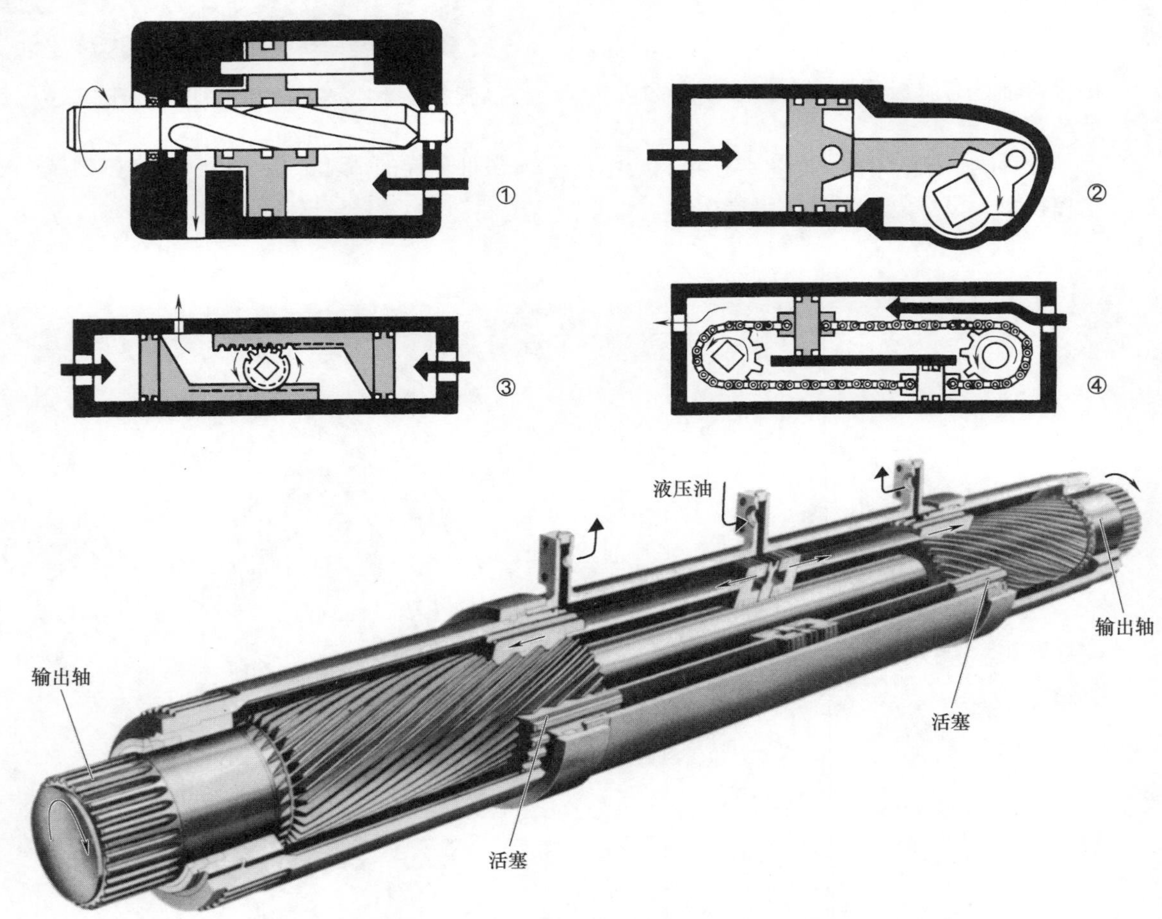

▲这是液压缸为基础的摆动型执行元件的说明图。照片是液压转矩铰链，用于船舶的舱口盖、水闸、大型防水门等的开闭

现这些门或盖的开闭。然而，这样的机构不但结构复杂，而且安装空间大，使用不便。于是产生了比一般液压马达转速低、工作范围也不需要一周 360° 的执行元件。

这样的执行元件称作摆动型执行元件，通常又叫做旋转式传动装置。

这种类型的执行元件，有以液压缸为基础结构的和以液压马达为基础结构的。

▲具有筒形活塞特征使蝶阀进行 **90°**旋转

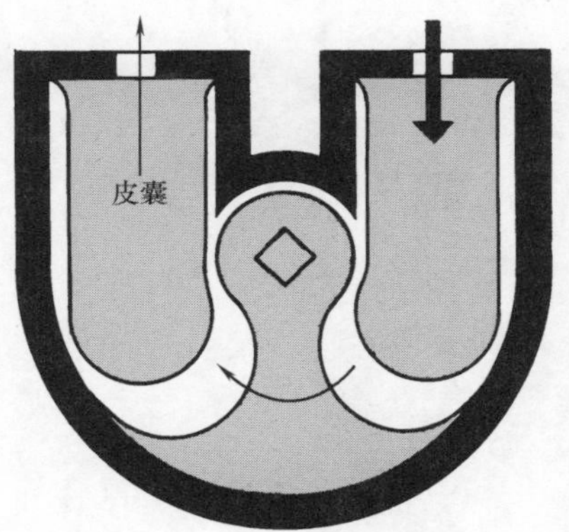

▲使皮囊（橡胶制的袋）伸缩让输出轴旋转，可维持内部泄漏几乎为零

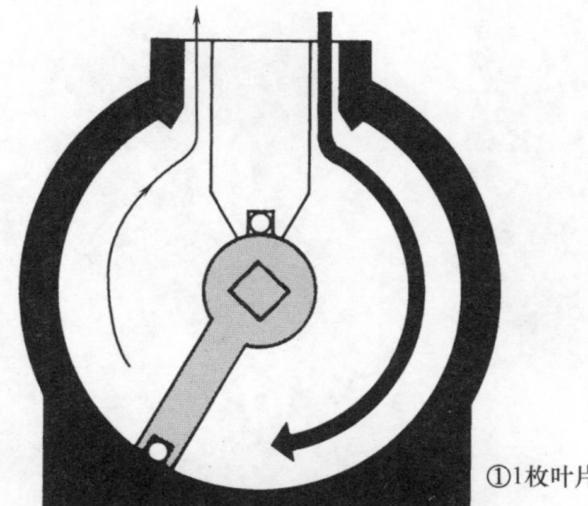

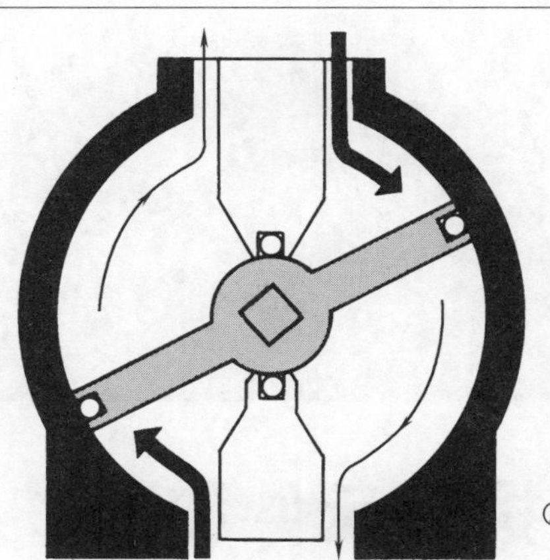

▲这是叶片式液压马达为基础的摆动型执行元件说明图。因结构比较简单售后服务时方便

大型执行元件和小型执行元件

请看左边的照片，这是打桩船打桩子高台的基础部分。根据工作条件必须使这样大高台存在一定的倾斜。让它进行机械运动是很困难的事情。但如像照片那样在 3 个支撑点中的 1 个点上装上液压缸就很容易实现。这是比较大型的装置，如船的护弦材旧轮胎（建筑机械用的，比卡车用的更大），可以从“外径 660、内径 360、重 35t”的数字看出来。

小的一种是旋转用斜板式活塞液压马达。若比它小，就不能发挥液压的优点，反而气压更合适。这样小的执行元件使用液压，适用于要求气压大、输出困难（相对地）的场合。

相关机械和零件

管

如果液压装置中没有“管”，那就很难使其发挥作用了。

从泵到阀，从阀到执行元件，全是采用管路来引导液压油流动。

液压装置管路使用最多的材料是钢管(无缝钢管)，钢管以外还有不锈钢管、铝管、最近还使用铜管等。

因为不锈钢管和铝管价格高，所以主要使用于飞机用的液压管路。

“管”根据尺寸表示方法不同，有“导管”和“管道”的区别。

导管以内径为基准表示其粗细。例如3/8in（3 分）的管意味着其内径为 3/8in。这种管可用板牙切出 3/8in 密封管用圆锥外螺纹。

这种表示方法，最初为方便选择煤气管和水管等低压用长尺寸配管而制订的，分别规定了其最大压力。因而，可以方便地确定满足其最大压力的管厚度。

煤气管和水管与液压装置不同，需要非常长的管路，要想办法把由于阻力产生的压力损耗控制在最小限度。

内径是主要的参数之一，为了正确计算压力损耗，要以内径为基准表示。

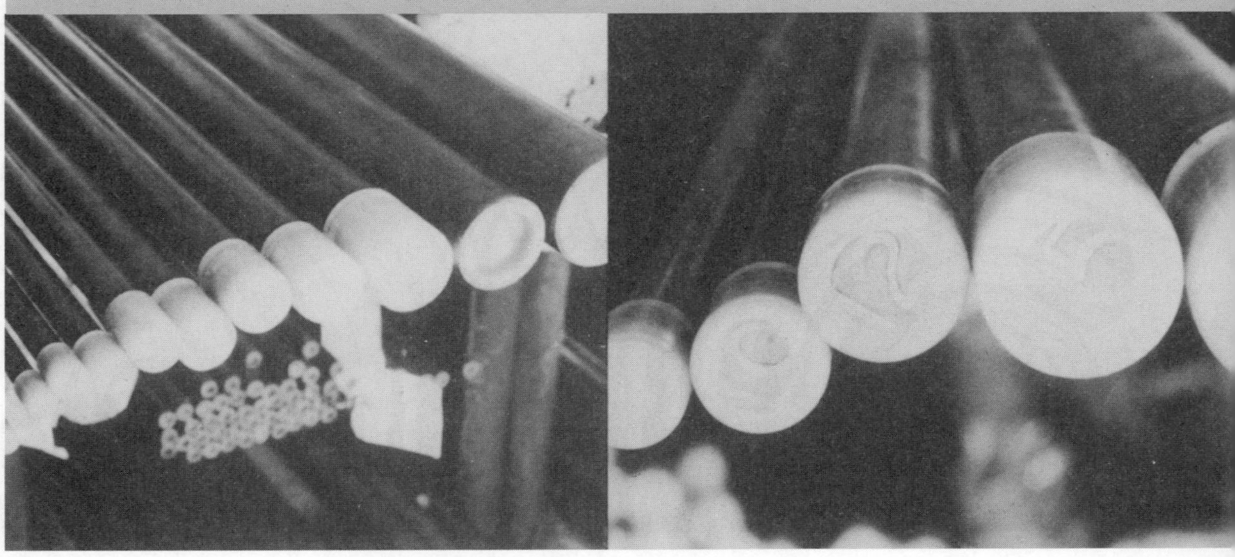

▼种种液压配管用精密碳钢管。从左端外径为 6~30mm 的

▼保护管内的塑料管盖有外径尺寸

称为管道或管系的管以外径为基准表示其粗细。液压装置等的高压管路，使用套管、管接头用锁紧螺母、管接头等配合接续管路。

在保持一定的高压时，来自系统的振动不断增加，会使管路在接续部处产生泄漏。为避免泄漏，必须使管的外径的误差保持在非常小的范围内。

由于这种原因，管道用外径基准表示。

飞机或外层空间机械要全部使用管路。

然而其他液压装置不需要那样严格区别。如同煤气管，有的使用无缝钢管，也有的使用尺寸相当的能输送高压的管。

而在不使用套管、管接头用锁紧螺母组合构成的管接头却用焊接接头和焊接法兰配管时，管径的尺寸管理可以较松。若严格要求管径尺寸误差小，管的成本会提高。不仅焊接管路，就是管径的尺寸误差，也有必要控制在一般能大量生产的钢管所容许范围，可以满足管路要求即可。

液压装置管路的粗度是由该处的流量计算出管内的平均流速所决定的。

各种情况下的推荐的流速是：

吸入侧的流速　0.6~1.5m/s

排出侧的流速　3.0~4.5m/s

以上为粗略的基准。

日本在管路用钢管的 JIS 标准中，规定了 JIS C 3452、JIS C 3454 及 JIS C 3455 几种型号。

▼同样外径根据使用压力厚度不同左侧 **ϕ10mm**，右侧 **ϕ16mm** 各四种厚度

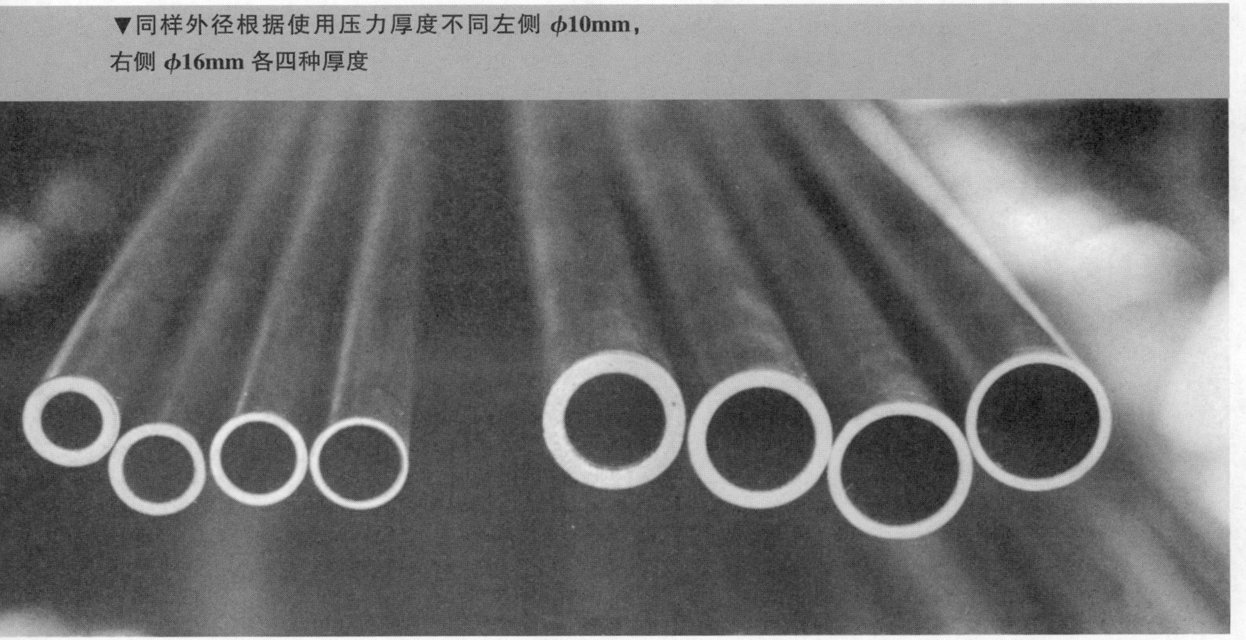

软管

▲用弹簧保护的液压软管

给栽种的树浇水、洗车时，使用连接水管道水龙头的软管，能让水的出口自由移动，很方便。

这种软管只能导水，可在压力不大的地方使用。有这样的经验：用手指把软管头捏紧使水喷出很远时，水管会从龙头脱落飞掉，而吓一跳。其原因是出口挤住，软管内水压上升使软管膨胀。

液压装置用的软管即使在高压下也能无障碍地输导液压油。家庭所用的软管是不带金属管头的橡胶或塑料管子。

液压用软管，即使加在高压连接部也不脱落，液压油也不泄漏，如照片那样使用金属管接头。

软管部分为了耐受所要求的高压，而采用重叠着数层橡胶层、捻线编织层、增强金属丝层。

软管两头拧上金属管头，属于使用在装置上的软管组件。

在液压装置上使用的液压油如果是石油提炼的普通液压油，软管内面橡胶层使用丁腈系列的橡胶。而在用磷酸酯系列难燃性液压油时，需要使用乙丙橡胶。

根据流在软管内部流体的种类，内面橡胶的材料需要相应改变，购买软管时要注意。

使用软管时的注意事项有，确定安装的方式，选择金属管接头的方式，确定尺寸大小等。这在厂家的商品目录中有详细记载。

和金属管比较，软管的寿命肯定短。必须仔细遵守一些注意事项，使之经久耐用。

软管比金属管的外表容易损伤，这是一个缺点。选择软管种类时，要对有关内压进行充分研究，由于没有充分注意外面的保护，有时会导致意外故障产生。

为保护外面，可在橡胶层外包裹弹簧或覆盖金属编织层；用金属丝编织层保护内部的橡胶层。

液压装置只在不是柔性软管就不能安装的情况下，才使用软管。安装管路时，如果只以简单为由而随便使用软管，不但装置寿命会有问题，而且装置内部“软管像意大利面条”，只能是乱七八糟。

▲耐压软管的断面和增强金属丝层

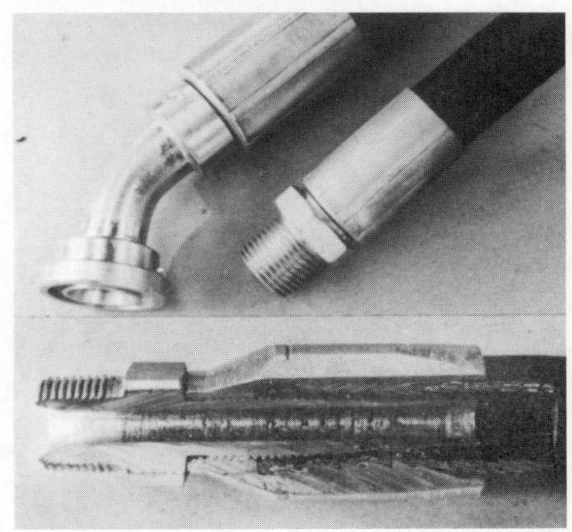

▲旋入式金属管头

▲嵌入式金属管头

管接头

为了保养、检查、修理、液压装置，液压装置必须容易分解、组装。

装置内部的各种机械全部用管路连接。除了分解装置外，仅从一台装置拆卸换向阀或溢流阀时，也必须把其周围的管路与机械分离。

管接头是为了方便这种分解作业和组装作业、提高作业效率所必需的零件。

故提出管接头所需具备的特点：

·分解、组装容易，能多次使用。

·装卸时，除标准工具以外不需特殊工具。

·接头处通道面积无显著变化。

·抗冲击和振动，不易松动。当然必须尽可能小心。

管接头有许多种类，大致分类如下。

●旋入式管接头

扩口式是在盖形螺母上利用螺纹。但该螺纹是圆柱形螺纹，螺纹部没有止漏功能。

▲管接头的形状

用于旋入式接头的螺纹是密封管用圆锥螺纹。这种螺纹部不需缠紧密封带，螺纹部本身起防止泄漏的作用。

将用于水道和煤气管路的接头，用于液压装置，最简便、成本便宜 。

▲旋入式管接头、螺纹是锥螺纹

▲喇叭式接头

但软管在两三遍反复使用时难点多，近来液压装置有尽可能不用的趋势。

●扩口管接头

把管头做成喇叭状，使该圆锥面和对方螺纹接头的圆锥面以旋紧力紧密拧紧，完全防漏。因而两个圆锥面不能有伤痕。

被应用于直径 25mm 以下的小口径管。

管内侧纵向伤痕是致命性缺陷，所以不锈钢、铝、铜等容易进行较向外扩张的加工，适用于没有伤痕的配管。

●卡套式管接头

如图，在管外把套管深入用螺旋的力使该套管和螺纹接头压接完全防漏。

因管头不需喇叭形加工，所以能用厚钢管。

为了分解、组装，管和管接头互相重合的长度，需要能自由抽出插入的空间。

●焊接式管接头

机械接合部、连管节部以外不用螺纹而用焊接连接。与法兰盘联轴器配合使用更便利。

▼焊接式管接头

只是焊接之后需要除去粉屑、熔渣，后处理很重要。

为了容易分解、组装，在使用连管节时要开动脑筋。

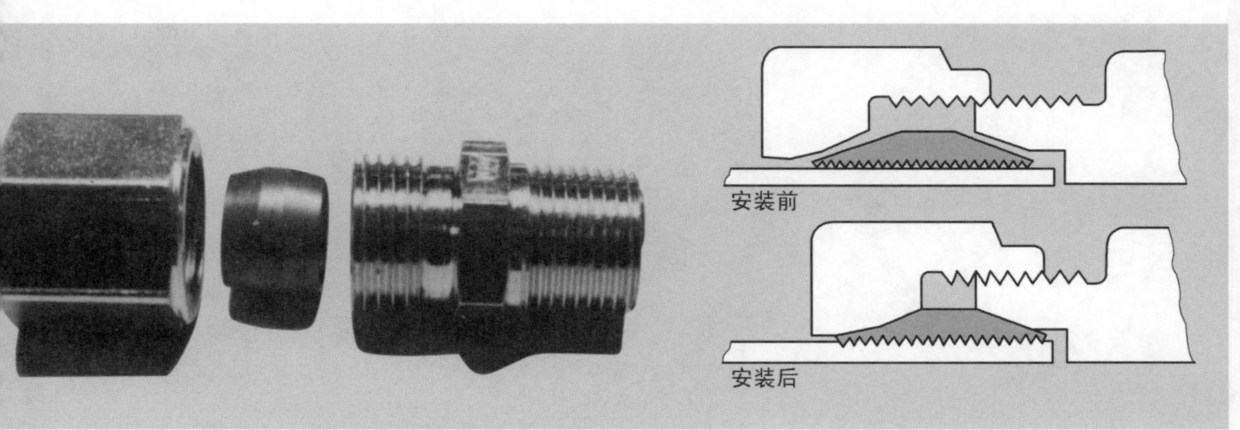

▲卡套式管接头，中央是在管外放进的套管，如图所示安装

密封装置

对液压机械说来，密封装置是不可缺少的零件。

合成橡胶和塑料相关技术从30年前进入了快速发展阶段，密封装置也受其影响并在如此短的期间内有了很大的发展。

20世纪初，主要是以布、纤维、皮革、天然橡胶等为基本材料制造密封件、垫圈。然而，虽然额外费了很多心思，但它们的功能和寿命还是达不到要求。现在还有认为液压装置漏油的观念，似乎也有这方面的原因。

密封装置从功能方面看可大致分为两类。

1.液压缸的阀的内部冲击，封闭液压油泄漏的运动部用的密封垫，总称为密封件，有O形圈、U形圈、V形圈等。

2.为了容易分解组装机器，用于零件合缝和连接等不运动部分的密封垫，称为衬垫。这类密封装置有密封用的O形圈和由合成橡胶剪切制作的密封垫片。

液压缸的活塞和液压缸盖，较多使用U

▲垫圈的一例

▲O形圈各种大小

▲V形圈（左），U形圈及其断面形状

形圈和V形圈。然而不管怎么说，O形圈的使用范围和使用数量在密封垫中都是最多的。

O形圈、U形圈、V形圈等名称，是由其切断时所看到的截面形状而来的。O形圈断面是圆形，V形圈截面是V字形。

O形圈封住液压油防止泄漏的原理如图所示。

越是高压，截面形状越复杂，越难泄漏，这很好理解。

然而，压力大于100kgf/cm²时，在活塞和阀间的空隙处的O形圈的一部分会陷到里面去。压力大于100kgf/cm²左右时使用密封圈的保护垫圈。

圈的一部分陷入空隙，即使压力下降也不会恢复到原来的截面，就那样工作时，陷进部分被剥掉失去垫圈功能。为防止出现这种陷入现象，应使用密封圈保护垫圈。

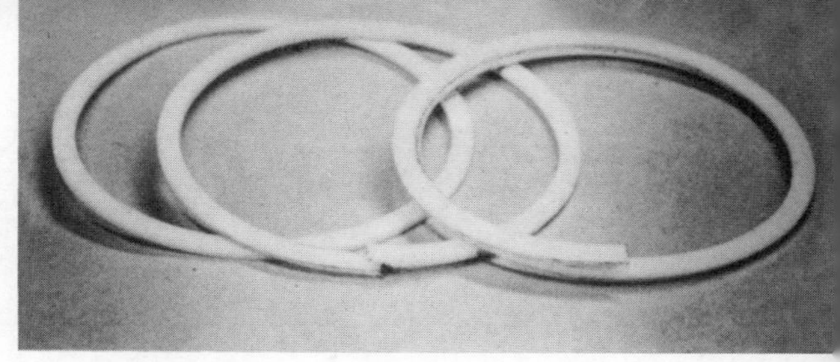

▲种种保护圈

密封圈保护垫圈是由聚四氟乙烯和尼龙制成的，放置在移动部和接合部中间起填充的作用。因为是聚四氟乙烯和尼龙制成的，即使在加压状态移动也不会产生粘住、烧伤现象。

用在液压机械上的O形圈、U形圈、V形圈的材料，丁腈系列的合成橡胶用得最多。

使用石油系列的液压油装置，如果液压油温度达到70~80℃时，垫圈形状相同，但材质要换为高温用的。液压油是石油系列以外的情况也是一样。

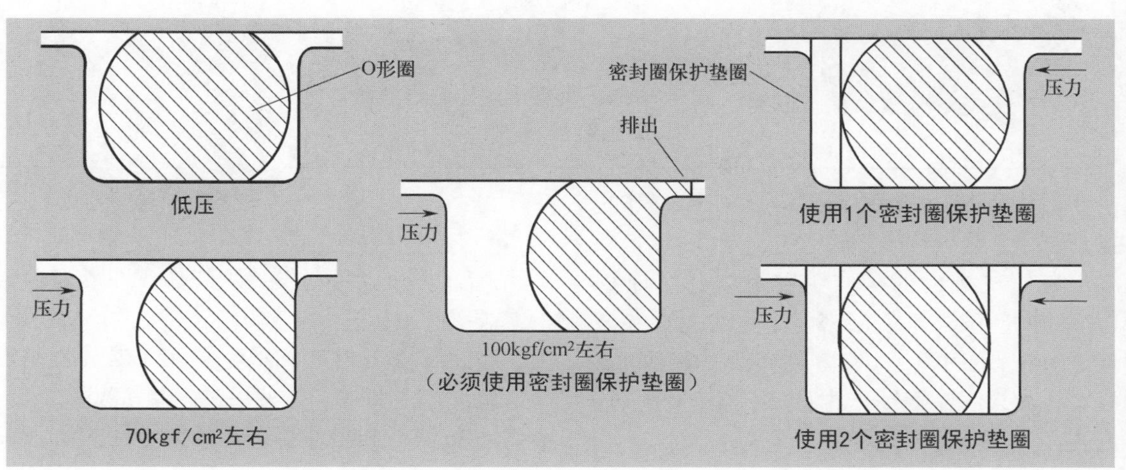

过滤器和粗滤器

▼油箱上面安设的过滤器
油从下进入向右出去

▲放入配管途中的过滤器两侧连接管

▼油箱内配置的过滤器
管线在上部中央

对液压装置来说，铁粉、砂、焊渣等的圆形粒子，是导致故障的隐患。

液压机械内部，使用密封垫处应保持0.1mm的间隙，不使用密封垫处的也应有小于0.01mm的间隙，以便零件移动。由于间隙很小，如果固体微粒子进入就相当于研磨剂，磨损零件，缩短机械寿命。

固体粒子与间隙大小相差越大，移动面粘着越严重，容易发展为烧伤，即形成机械损坏。

为了不让这些圆形粒子和纤维质的夹杂物进入液压回路，应使用过滤器和滤网。

过滤器和粗滤器用非常概念性的语言来区别，如下所述。

·粗滤器是过滤器的一种，过滤的网目比较粗些，因而流液压油时的阻力较小。适用于使液压油通过阻力变小的吸入管路。

·滤过器是总的滤过器的术语。多与粗滤器对比。比起粗滤器，滤过部的网目更小，因而液压油通过时的阻力大，大多用在排出侧、返回侧的管路。

基于以上情况，将粗滤器称为过滤器也是正确术语。

表示过滤的粒子大小的术语有微米（μm）和“筛”号[㊀]。称为公称 10 微米·过滤或 100 筛·粗滤（或过滤）。

100 筛时，直径在 135μm 以下的粒子可通过。10 微米时，直径在 10μm 以下的粒子可通过。然而实际上过滤后的粒子有 98%满足公称值，剩下的 2%尺寸比公称值大的粒子也可通过。

100 筛时取 220μm；10 微米时取 30μm 的粒子大小。这些数值与公称值对比称为绝对值。尺寸大于绝对值的粒子完全不能通过过滤器。

过滤部的材料，网目粗时（滤过粒度大的场合）使用金属网、等级铜丝。网目小的场合（滤过粒度小的场合），可使用烧结金属、陶瓷、毛毡，还广泛采用经苯酚树脂处理的纸。

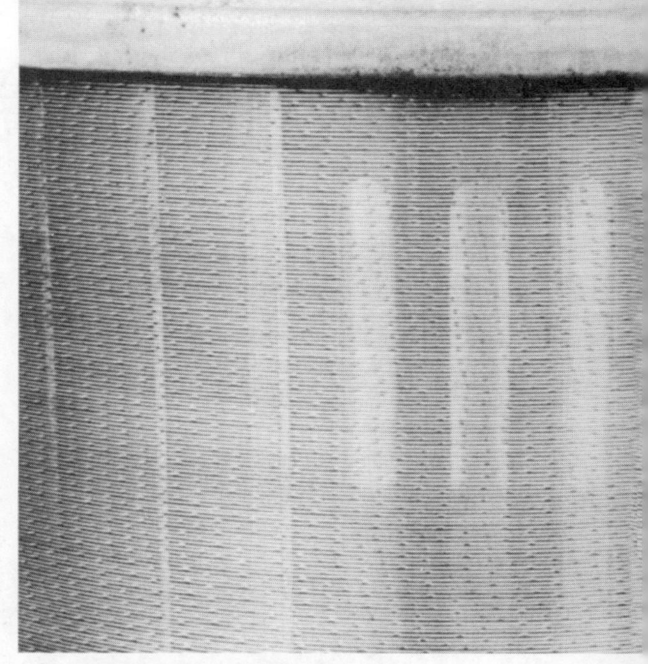

▲滤过器的网目是细金属丝编织

▲指示滤过器堵塞情况的地方，网目堵塞增加阻力，内部压力上升指针露出

㊀ 中国过滤器的过滤精度分为 4 类：粗的（$d \geqslant 0.1$mm）、普通的（$d \geqslant 0.01$mm）、精的（$d \geqslant 0.05$mm）、特精的（$d \geqslant 0.001$mm）。——译者注

油箱（储存器）

液压装置中大多都会使用油箱或储存器，其作用是储存在回路上循环返回的液压油，使之准备进入下一个循环。

为了使液压装置正常而高效地工作，只把液压油储存在容器里是不够的，作为液压装置的油箱还没有完成任务。

液压油在装置的管路和机器内循环期间，会把微小的铁粉和尘土带进油箱。液压油中还会游动着大大小小的气泡。

这种污染状况一般受装置的管理状态及周围环境的影响。可以说考虑返回油箱的液压油受到污染的程度，是安全运行的决定性前提。

完成一项工作返回的液压油到达油箱，在稍事休息期间需要尽可能恢复到正常状态。

●油箱的大小

液压油滞留时间越长，越有散热降油

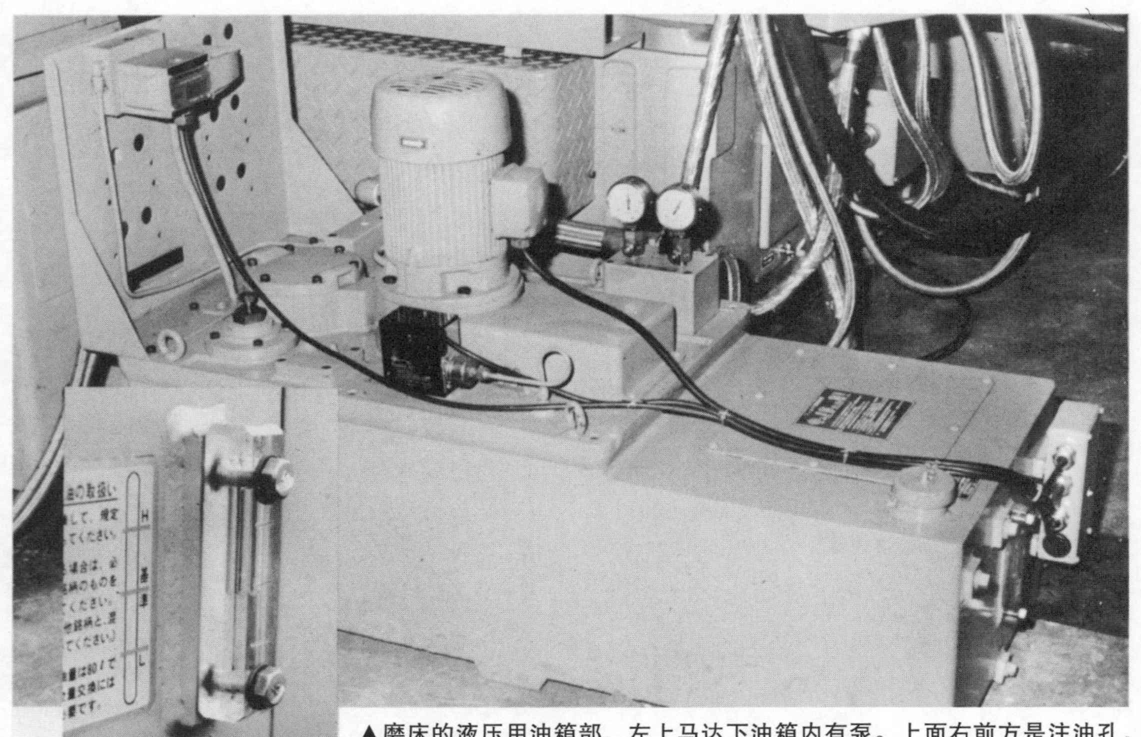

▲油面计

▲磨床的液压用油箱部，左上马达下油箱内有泵。上面右前方是注油孔，右侧面是油面计，其下有排油孔

温、使铁粉和尘土沉淀、放掉气泡等方面的效果。

然而由于受到空间和成本的限制，希望所需最小限度的大小。通常相对于该油箱和所接续的泵的总排量（每分钟），设相当于3~5倍的容积。

●回油管的位置

返回的液压油进入油箱的入口，放置在尽可能离开泵的吸油口的地方。返回的液压油不要直接流向吸油口，应在途中设置几块折流板，以便尽可能延长液压油在油箱的滞留时间。

返回管进入油箱的入口，不论油箱是什么状态，都要安置在脱离油面的位置上，以使油箱内的液压油不产生气泡。

●其他办法

为使铁粉快速沉淀，再次流动不夹渣，可在适当地方安放磁铁。

油箱密封使外部尘土、沙子不能进入，与外气的连接口设置通气装置。为便利进行清扫和更换液压油，应设置适当大小的检修孔和注油口、排油口。为从外面监视油箱内液压油的量，安装油面计。

▲固定型液压装置的油箱。前侧面下有排油孔，右侧有液压计和油温计，拧螺栓的板是检修孔

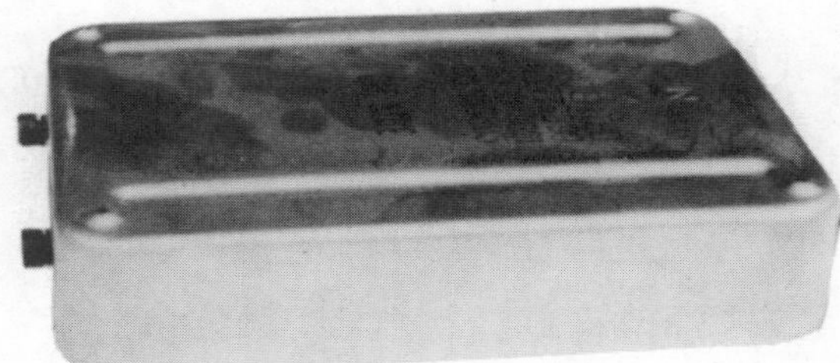

▲油箱内放的磁铁，时常举起清扫

▲油箱注油孔盖，带通气孔，空气从盖周围的孔进入通过过滤器

蓄能器

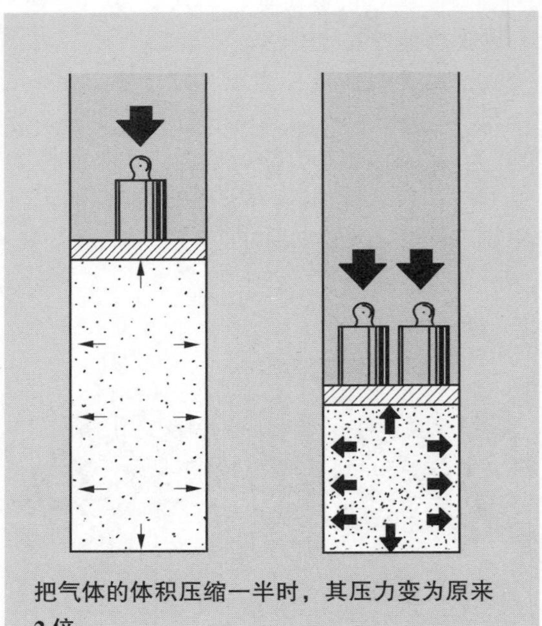
把气体的体积压缩一半时，其压力变为原来2倍

螺旋弹簧收缩长度与要把弹簧压坏的力的大小成正比。取消该力，弹簧的长度复原。空气和氮气等气体也有同样的性质。

将容气中的气体用活塞缓缓压缩，当气体的体积为1/2时，气体的压力变为2倍。体积如果是1/4则压力为4倍。

撤去推压活塞的力，气体返回原来的体积。因为具有与弹簧相同的性质，所以也有称作气体弹簧的利用方法。

在容器内设置隔板，一侧封进空气或氮气，把该气体从最初提高到某种压力，容器成为由气体充满的状态。

把液压油从容器相反一侧强行压入，气体的体积渐渐缩小。只有缩小体积，液压油才压进来。这样把液压油封入，液压油入口出口全封闭，气体压力与液压油压力相同，所以处于均衡状态。

在这种状态下，如果打开液压油的出口，气体要恢复最初体积而把液压油向容器外推出。从该容器被推出的液压油能和从泵送出的液压油的利用方式一样。

现在把具有上述功能的容器称作蓄能器，有利用气体的、利用弹簧的、使用固定载荷的等。

如今大多液压装置使用利用空气或氮气的蓄能器。

多采用合成橡胶制成的气囊作为气体与液压油的隔板，比活塞隔板的利用度高。

利用气囊的称为气囊式蓄能器，使用活塞的称为圆筒形蓄能器。

蓄能器的使用方法如下：

① 泵停止时的动力元件，非常紧急用动力元件。

② 吸收液压的脉冲，使波动缩小。脉冲吸收器。

③ 与卸荷阀组配，调整加载、卸荷的周期，类似在电路上使用电容器的方法。

④ 液压缸加压状态长时间保持时的液压源。

⑤ 快速、短时间内大流量流动时的动力元件。

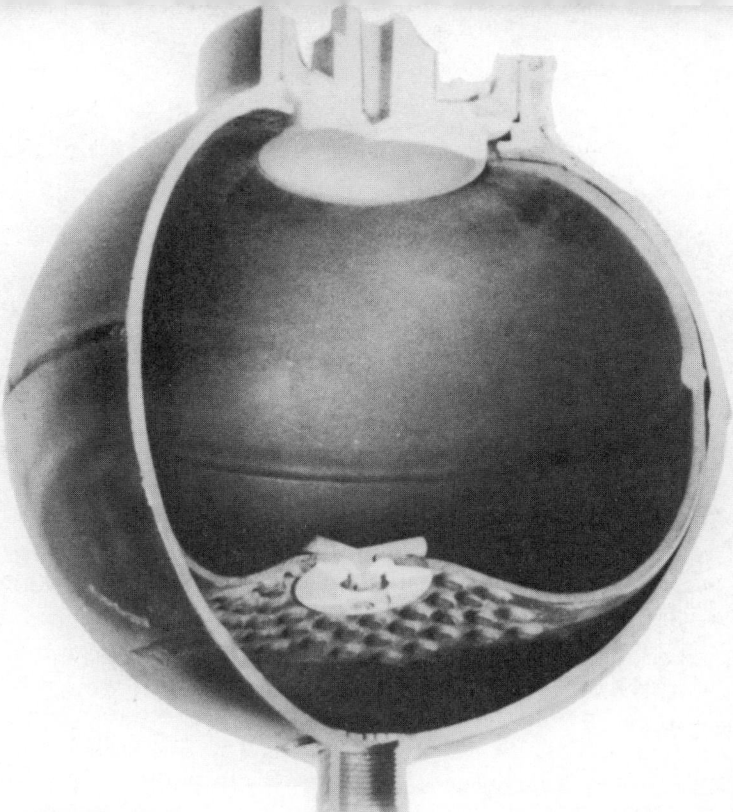

▲气囊式蓄能器截面（F—1 喷气练习机用）

▲圆 1 筒形蓄能器截面（F—104 喷气战斗机用）

压力计

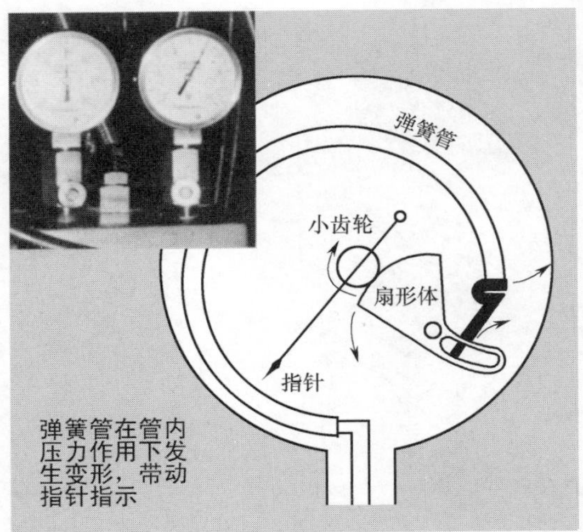

▲弹簧管式压力计及其内部结构

液压装置大多使用弹簧管式压力计。因此时可通过度数直接看到压力，所以使用简便。然其缺点是有点经不起机械性振动和压力振动。所以弹簧管式压力计需要至少三个月进行一次校正试验，与标准压力计对比，以求准确。

测定液压的脉冲和冲击压时，用应变仪式压力计。

贴着电阻壁加压时，极其微量的力就会使壁歪斜；由于壁歪斜，贴着的电阻尺寸也变化；尺寸一变化就引起电阻值变化；测定该电阻的变化换算为压力就可进行压力测定。

因为是电气测量方法，记录计容易连接，使用便利。缺点是成本非常高。

此外还有差动变压器式、电感式、静电电容式等许多种类。

流量计

流量计有实时指示的瞬间指示形和指示流过的量的积算形。

瞬间指示形大多使用称为转子流量计的流量计，是靠浮标位置指示实时流量的流量计。

管多是用玻璃制的能直接看到压力的位置的装置，但在压力高的情况下不能测定流量。还有粘度（温度）变化或测定的流体变化使流量计指示误差增大的缺点。

积算形较多使用椭圆齿轮、椭圆形转子，类似液压马达的原理。

让液压油在流量计中通过，齿轮或转子旋转。因为已知使之转 1 周的液压油量，故测出其转了多少周就能测出流过的量。积算形流量计制作得精度非常高。即使使用现有的液压马达，也大体能测量其流量。

▲用椭圆齿轮积算形流量计

液压符号与基本回路

一般人都可以看出这个符号是指示什么方向的。

看下面这个符号时能正确理解其意义的人能有几个？

除此之外有各种各样的符号，这些符号被称为“大略符号”，是中世纪欧洲吉普赛人之间、在西欧流浪者之间普及的特定符号，用粉笔写在路旁和墙壁上，为其他伙伴传达信息。

液压符号

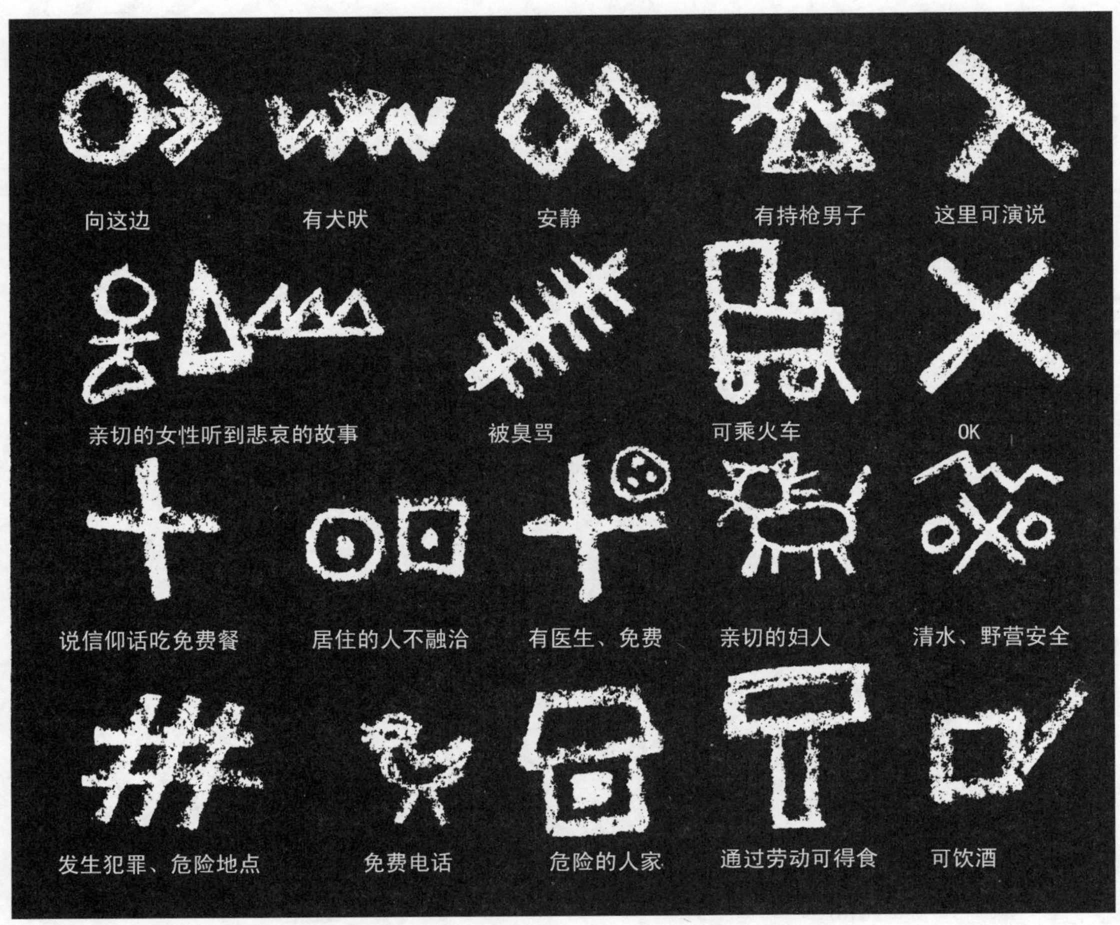

▲吉普赛人之间所用的各种“大略符号”

他们看到有箭头的头一个符号，理解引导“向这边”。看到下一个像勺子样的符号就“可以饮酒”，看到“可以饮酒”的符号一般是非常愉快的。

我们虽不能理解这些符号，在他们之间却不难互通信息。因为他们相互之间所用的这些符号所约定事项是事先就知道的。

* * *

如果不了解液压符号所规定的事项，看到了也不容易理解是什么意思。若是已知有关符号的约定内容，通常远比文字和数字更能正确而简洁地传达信息。

本页主要说明液压符号的基本事项。详见 JISB0125[㊀]。

液压符号如同泵和马达那样主要以“圆”表示轴旋转的机构。在该圆上重叠着各种各样的符号表现具备何种功能。例如下面例画：

这只是个圆，最多只认为“像是液压泵或液压马达”而难于判断。

这个圆上加画了黑三角符号表示泵。三角形顶点的指向表示液压油流动方向。

把黑三角的顶点与泵反向向着圆的中心时，表示马达。黑三角如左图那样两个对称时，表示可以使之正向和逆向两方向旋转。黑三角只有 1 个时，意味着只能使之正向旋转（1 方向旋转）。

阀用矩形表示。1 个矩形表示 1 个阀位。

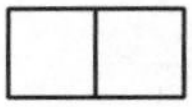

有 2 个矩形时表示二位的阀。

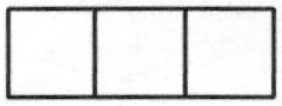

若是 3 个当然是三位的阀。三位时，通常正中的矩形在中间位置表示液压油的流动方式，左和右的矩形分别表示阀可以换向时的流动。把表示液压油流动方向的符号记入该矩形内来表现。还有表示“手动换向”、“电磁换向”、“液压换向”等符号和“回弹（返回）”、“爪”的符号。

液压缸，一看就能认出是液压缸，符号像它。

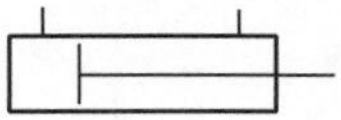

菱形是表示过滤器和油冷却器等附属机械类的基本形。左图为过滤器。

记住这些基本规定便于理解液压符号。

㊀ 对应中国标准为 GB/T 786.1—2009。——译者注

吸入管路、压力管路、返回管路总称主管路。如左图以粗实线表示，与辅助管路相区别。辅助管路以粗虚线表示（中国标准中用细虚线表示）。

排泄管路以细虚线表示。

左图线相交，在交点处有黑点时意味着管路连接。相交处没有黑点或有⌒形[1]交叉时表示管路无连接。

管路和连接的符号

◀平面磨床的液压配管

液压油的流动方向用实心黑三角表示。空心三角表示气体流动，与流体（液压油）的黑三角相区别。

阀内部的液压油流向以左图箭头表示，而电磁阀用下图表示。

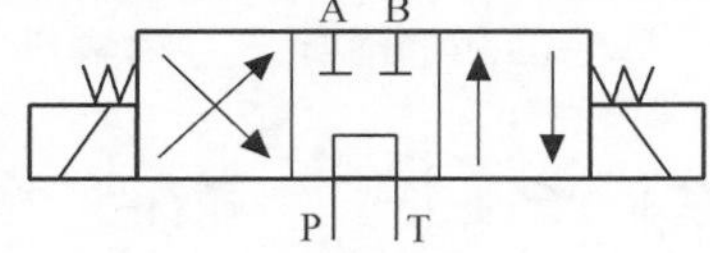

阀内部有左图所示的符号时表示终点。

这是表示油箱的符号，在回路图中为了省略线的长度，不表示具体管路位置时使用。不表示有几个油箱而是表示由此直接返回油箱。如用电气配线图相当于接地的符号。

[1] 在中国，⌒表示管路交叉是旧国标的规定，现行国标中已取消这种表示方法，用十代替。——译者注

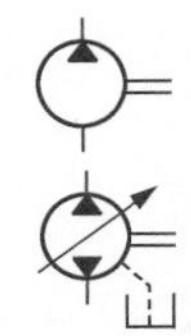

泵，在圆中画一个表示流动方向的黑三角来表示，有黑三角的点表示排出口。

左图斜箭头表示即使输入旋转速度一定排量也可任意变化的可变容量型。黑三角在两侧，所以表示即使输入旋转的方向一定也可任意选择泵的排出方向。点线的头上有油箱的符号，表示直接排泄管路返回油箱。

泵和液压马达的符号

◀混凝土搅拌机车的驱动用柱塞马达

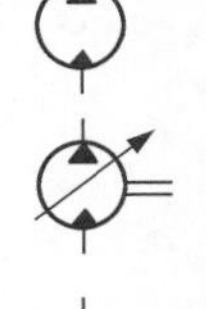

液压马达和泵的黑三角的位置一样表示流入口，流入口在两侧时表示马达的输出旋转方向可以任意选择。

如左图画有斜箭头时，意味着即使流入的流量一定也可任意选择输出轴的旋转速度可变容量型的马达。

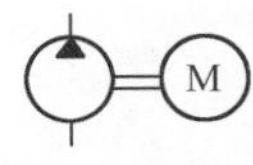

把两个圆用两根线连接，一方是泵，另一方的圆之中写入文字 M 时，意味着泵由电动机驱动。

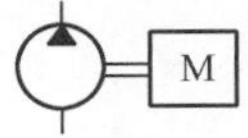

这个 M 文字不在圆内而被写入矩形之中，表示泵由柴油机等内燃机驱动。

看液压符号和回路图时最费心机的是阀，必须在脑子中一面想象阀的动作一面识读。泵、马达与液压缸同样不能仅靠记忆符号看图。

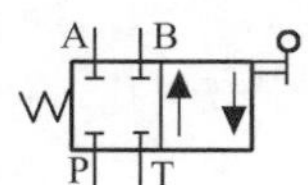

左图表示二位手动换向阀。该情况是管路连接左侧的矩形。阀的符号是，由于画出使管路连接在显示中立位置的矩形，所以左侧表示中间位置上的液压油流动。

阀的符号

▲各种阀组合进行复杂动作

这个符号上全部通路关闭（走到尽头），称为“O”型滑阀机能。

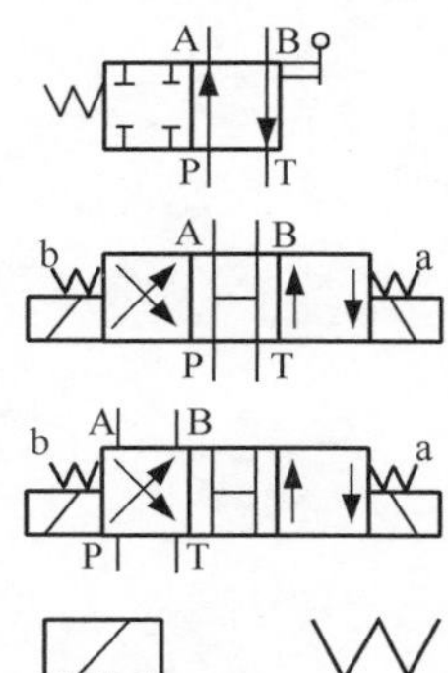

拉动杆使阀的阀芯由右向左移动（换向），右侧矩形如左图与管路连接。液压符号表示不出这种情况，所以需要在脑子里想象。

三位的情况，必须考虑阀芯左右转换。左图表示三位的电磁转换阀。

使电磁铁 b 工作时，阀芯被从左向右推，如左图那样与管路连接。使 a 工作时右端的矩形与管路连接。

左侧矩形有斜线进入的符号表示电磁控制，右侧山形符号表示弹簧。不管是电磁 a 还是 b—从 ON 转到 OFF，阀芯就被弹簧推回到中间位置。

这个符号意味着利用液压推阀芯，黑三角顶端指向推的方向。用空心三角表示时是用空气等气体推阀芯，表示阀进行换向。

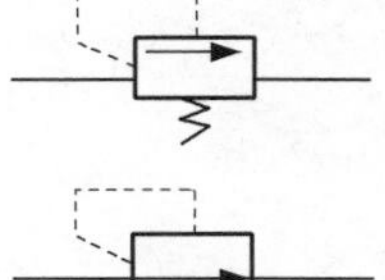

左图是溢流阀的符号。表示导引通路把上流的压力导向阀芯端面，一面压缩安全弹簧，一面推阀芯。

上流压力上升为设定压力，上流和下流的口如图所示连接，液压油流向下流，说明没上升到设定压力以上（当然，此图只能在脑子里想象）。

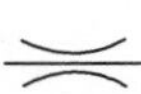

这是不可调节流阀的符号。符号上带斜箭头的表示可调节流阀。节流阀的工作说到底，是不可调还是可变不过由哪一方的节流决定。

左图是表示可任意大小选择设定流量的节流阀的可变型（用斜箭头表示）。

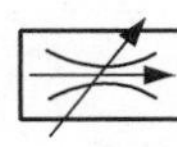

这两图都是表示单向阀的符号。圆是单向阀中的钢球，或表示锥阀芯，>形折线表示阀座面。若从图的右侧向左侧流，则流动的力打开锥阀芯自由流动。

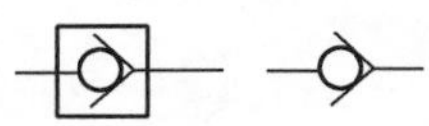

然而逆向由左向右流时，锥阀芯被压在阀座上，图示流动完全被截止。

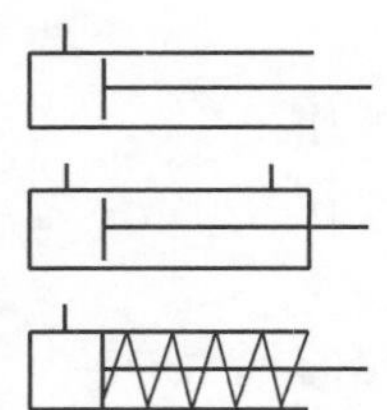

此图是液压缸符号。图形符号与实物很像。表示液压缸杆部分不密封的连接口也是一处的单作用液压缸。

双作用液压缸，如左图杆的部分、活塞部分都密封，连接口有两处。

此图是单作用液压缸上附加弹簧符号（/\/\/\/），它是推活塞时使用液压，但返回时利用弹簧力的液压缸。

液压缸和执行元件的符号

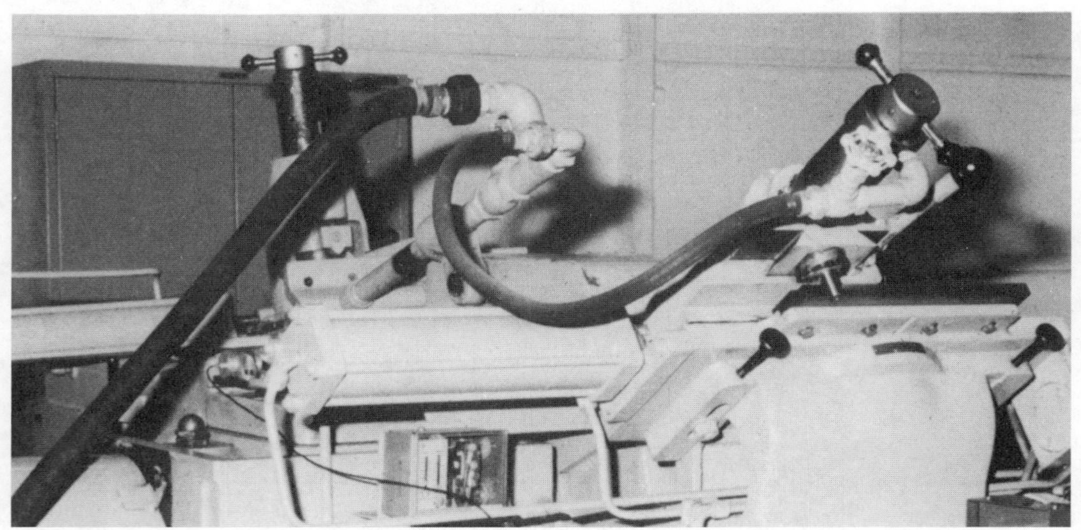

◀无心磨床的送修整器的液压缸

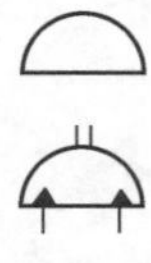

左上图半圆意味输出轴限在 360° 以下范围内旋转。

下图在半圆里加进两个实心黑三角，为摆动型执行元件。它表示根据执行元件入口选择左侧或右侧，左转右转都能利用。

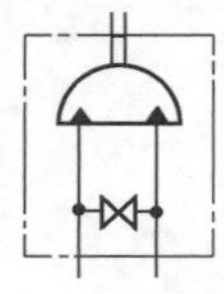

左图是摆动型执行元件和截止阀（针阀）装配为一体的符号。用点画线围起的内部意味组合成一体，⋈符号表示截止阀（针阀）。

将等腰三角形的底边用点线结合的符号，在油箱符号中常常被使用。当然，管路的头与泵的吸入口连接。此图表示粗滤器及过滤器，多半是元件在液压中露出状态安置。

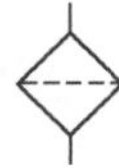

此符号用于表示管路中间安置的粗滤器或过滤器。表示过滤元件在箱中原有的粗滤器和过滤器。

辅助元器件的符号

◀液压油箱前安装的圆筒是水冷式冷却器

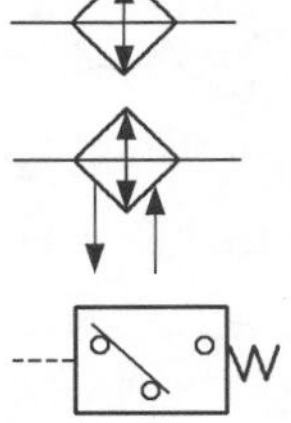

此符号乍看与过滤器的符号类似，它表示液压油的冷却器。由于不带冷却水的管路符号，所以判断为空冷式的。使用水冷式冷却器时，如左图所示加上冷却水管路符号。

使用电磁阀的回路上经常看到的符号中，有左图那种压力开关。点线是引导压力的导向管路，框中表示电气开关。压力一上升到设定值，克服弹簧的力，离开电的接点，电气回路为 OFF。自然也有一达到设定压力，就使电气回路为 ON 的接线方法。

附属计量仪器——温度计符号[1]。

像棒球的流量计符号。

---

[1] 日本标准中用圆圈中加 t° 表示温度计。——译者注

液压回路图的识读方法

液压回路图是严格遵守相关液压符号的规定绘制而成的。如果能理解液压符号，也能理解回路图。

然而对于很少接触液压回路图的人和不习惯识读回路图的人来说，液压回路图乍一看无疑是很难理解的。

在第一次去某个地点时，

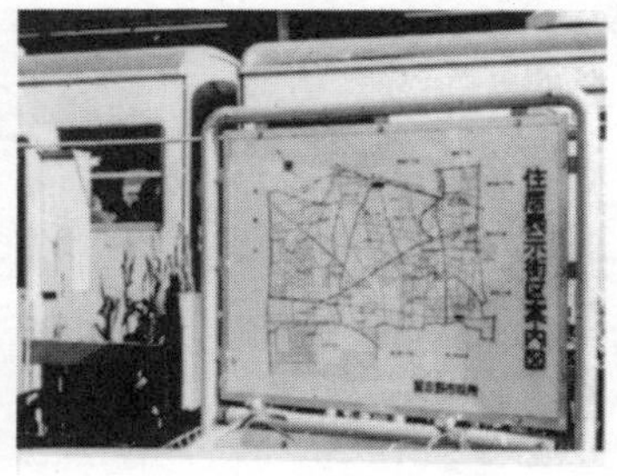

看面前竖立的大幅地图，弄清楚由这里应该走哪条路线，那是相当了不起的。如果是去过几回的街道，可先在地图中搜索可供休息的咖啡馆、购买土特产的百货店，弄清楚到目的地的路线。

这种情况下，从车站到该咖啡馆和百货店的路线，无需靠地图，只要与路边景色一同记住就可以了。这时地图就没

东京圈小都市地图及其航拍照片。在首次去某个地点上，只靠地图寻找目的地，当然很了不起。液压回路的作用也与此类似。

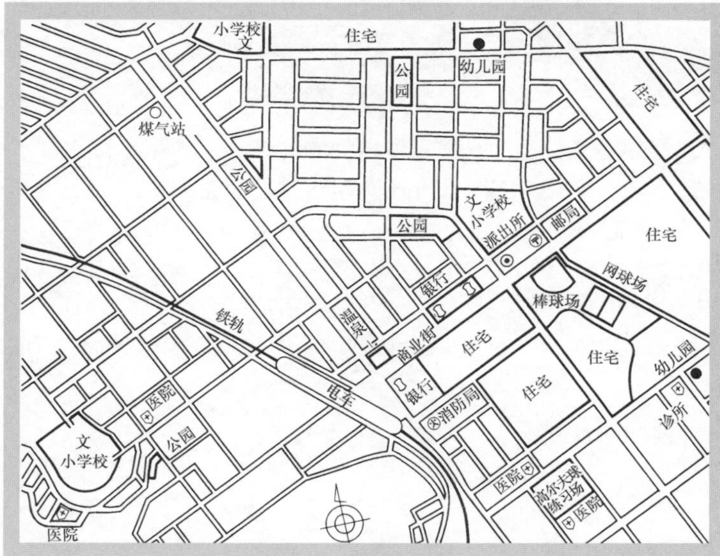

有必要了。

理解液压回路图时和看这个地图时很相似。

从站在车站前首次看地图，即使弄清楚房屋排列方式和道路走向，也没有正确的距离感和大小的概念。

液压回路图也是准确画着机械的配置方位，但对于管路的长度和粗细、机器的大小就没有表示，也没有实景图。在不熟悉时初看液压装置和机械的实物，很难与图、符号相联系起来。

稍微熟悉了液压装置的使用方法后，对回路图也有了亲切感，就能根据图和符号在头脑中想象出实物的画面。这与看已去过数次的街道地图时的理解程度相似。

达到这种程度，后面就很轻松了。如果记住那个繁华大街和两三个岔道，一个人就能够准确地沿道路步行到达。

解读液压回路图时，若是大致划分开“动力元件”部分、“控制元件”部分、“执行元件”部分，就容易看明白了。就像最初考虑第几条街、门牌号多少，而考虑在什么街什么小区大体位置就容易了。

通常必须首先弄明确上流出口和流入口在哪儿。

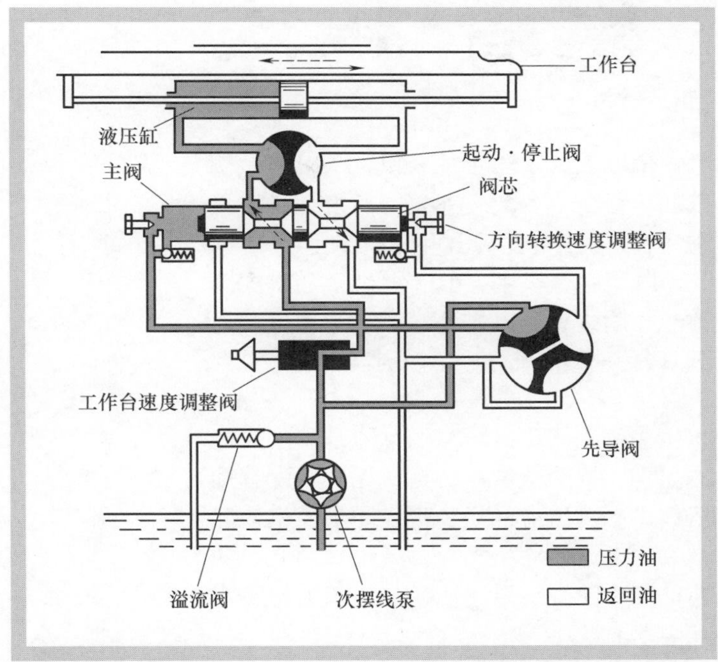

下图是平面磨床工作台左右往复驱动用液压装置的回路图。该回路图实态化即上图那样。

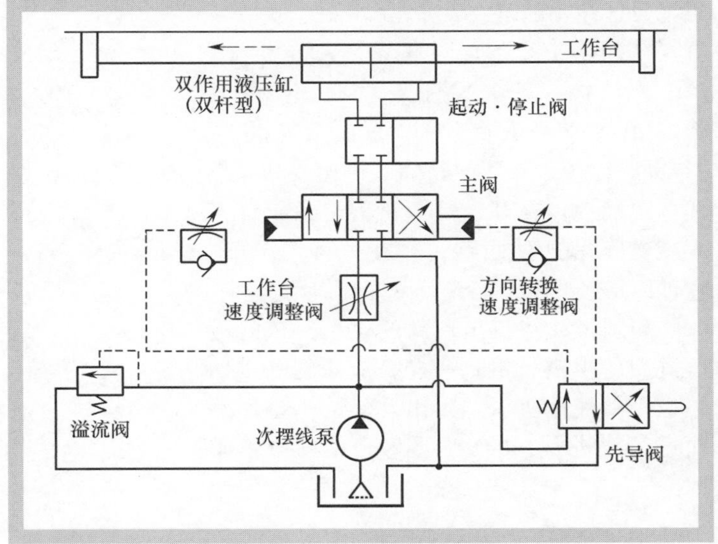

棋谱·棋式

围棋和日本将棋都有棋谱、棋式。围棋和将棋历史悠久，随着时间的推移，棋谱和棋式也有变化，出现许多新招。

成为专业棋手，似乎把棋谱和棋式全都装在脑袋里。以棋谱和棋式为基础和通过日复一日的训练，能够计算出几十招、一百几十招。

这种“计算招数”不单纯是考虑可能的配合、招的数量，而是从无数个配合和招数之中选出最好的一步棋。不懂棋谱和棋式的人计算三招棋都要费很大劲儿，花费很长时间，结果还往往是“笨人想不出好主意来”。

解读液压回路，也要把与回路相关的一般规律和以前的方法尽可能多地装在脑子里，这样能迅速、准确地看出来。

在回路中相当于“棋谱”和“棋式”的一般称作“基本回路”。与将棋“用金将、银将守卫王将”、“舟围攻王将”、“包围”比较，液压回路的“棋谱”和“棋式”更简单。在几次反复试验之后，许多人就会了解这种回路，“在这种情况下，这种回路最适合，能充分发挥其作用”。

和围棋、将棋出现新的棋谱、棋式而改进旧的棋谱、棋式一样，液压的基本回路也因新液压机械产生出现新的基本回路而进行改进，146~161 页将介绍部分基本回路。

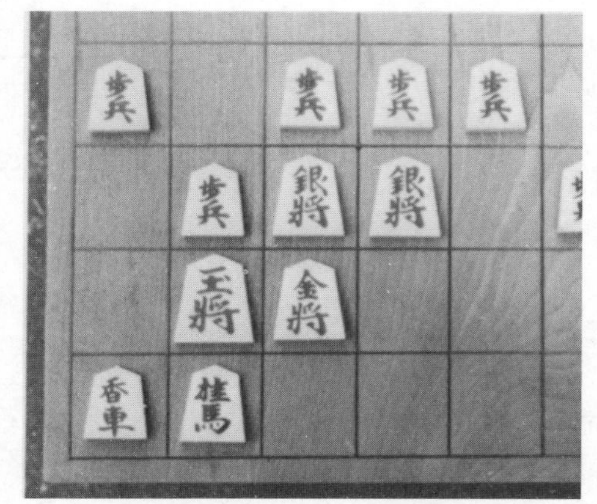

◀银将守卫王将

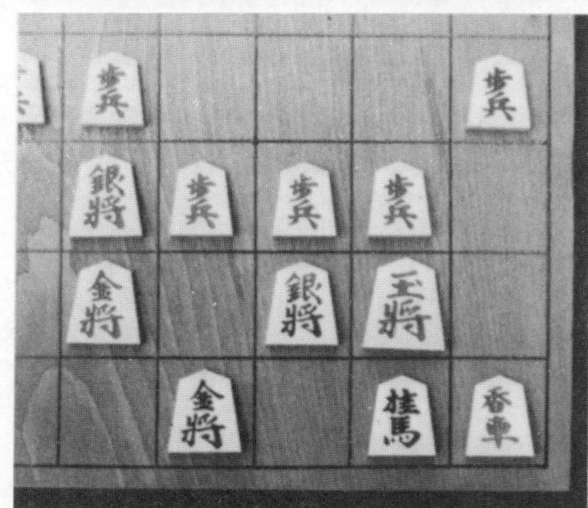

◀舟围攻王将

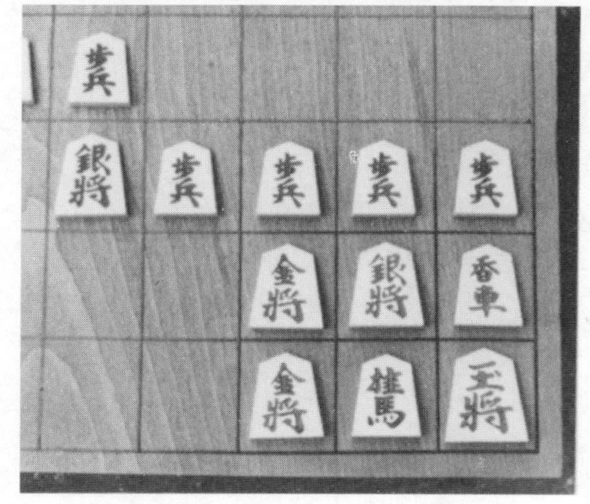

◀包围王将

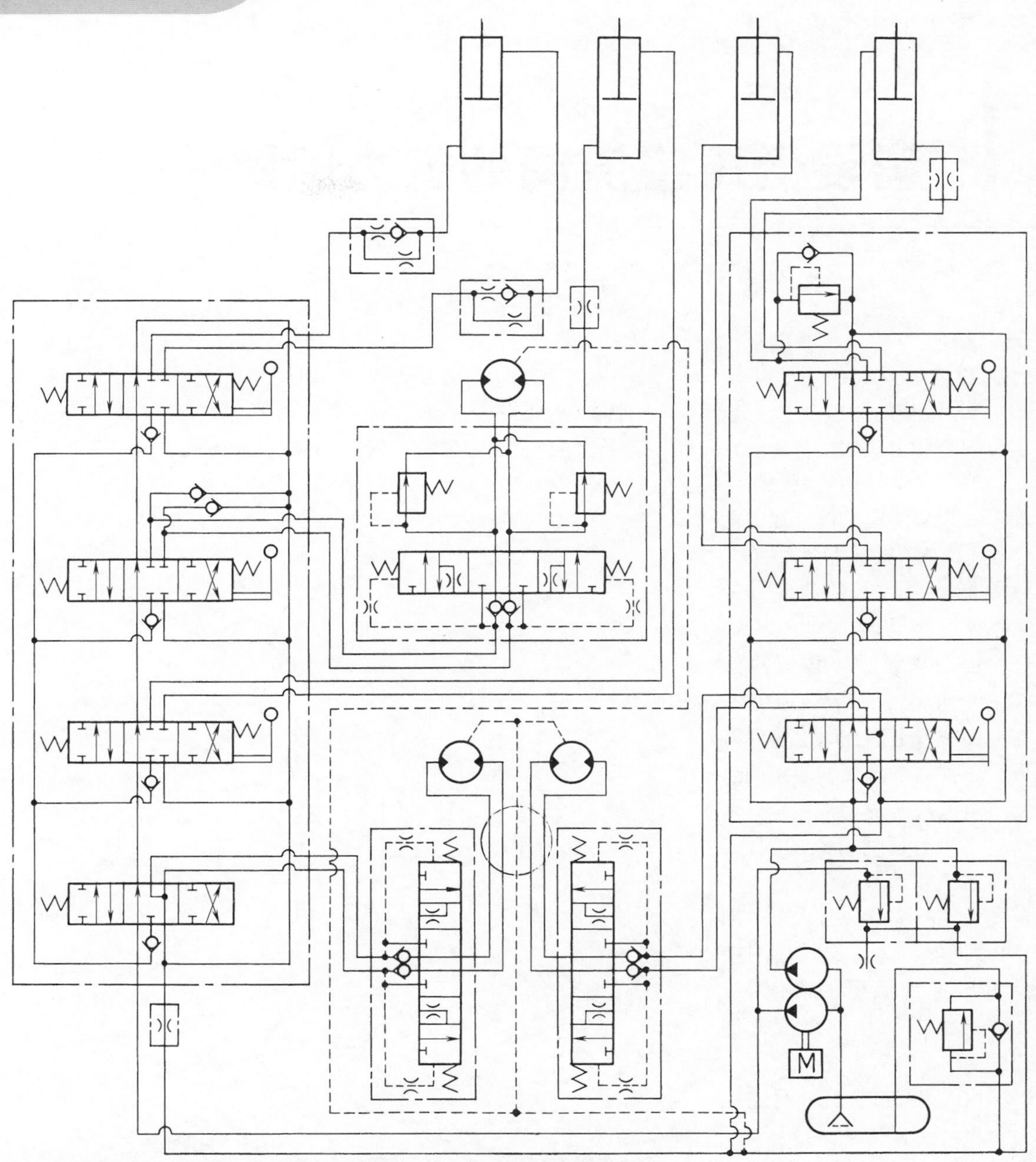

▲某铲土机的液压回路，使用进口节流式、出口节流式的基本回路

1 增设低压溢流阀的省力回路

图是液压压力机所用的回路。

液压缸 I 在使模具向下压时必须施加最大的力。溢流阀 E 设定为施加该最大力所需要的高压力。

然而完成一次压力机操作，液压缸收缩使模具保持在上面位置时，并不需要那么大的力。只要能支撑活塞杆和模具的重量就足够了。

现在来设想不设置溢流阀 F 的情况，液压缸收缩，在上面位置上静止时也将保持最大压力（来自泵的液压油全流过溢流阀 E 返回油箱）。

不进行任何有效的工作，而白白消耗动力。

液压缸 I 在收缩状态，用低压即可完成。所以在图中位置设定为低压的溢流阀，使来自泵的液压油全流过溢流阀 F。

由于溢流阀 E 的设定压力远远高出 F 的设定压力，所以没有从 E 返回油箱的液压油。

该回路是只在需要大的力量时提高压力，其他时间保持所需的最小压力来节省动力。

就是说高设定压力和低设定压力的溢流阀在同一管路上时，只利用设定压力低的阀工作的性质。

液压缸 I 伸出时，由于换向阀 H 被变换成左侧区，所以液压缸上游流路只留下溢流阀 E。溢流阀 F 就没用了。

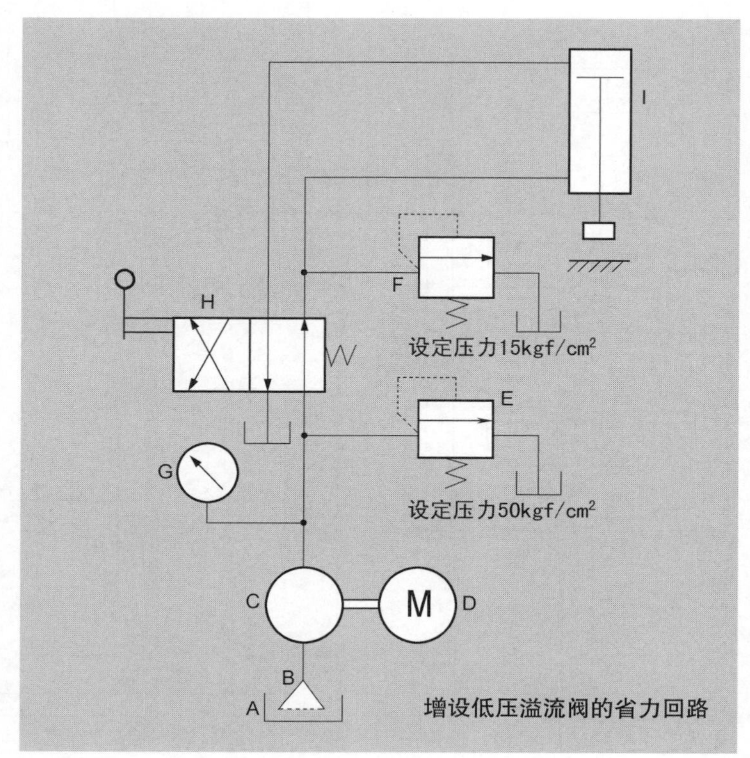

增设低压溢流阀的省力回路

2 减压回路（利用减压阀的两压力回路）

这是液压缸和马达使用两种以上执行元件的液压回路所常常利用的基本型。

图是在最大设定压力时使用液压缸 D，液压缸 E 不在主回路最大压力时使用的回路。

必须把推动液压缸 E 的力限制在某种大小以下。

在此回路上，液压缸收缩时（将换向阀 C 变换为右侧区 [符号] 时，减压阀 B 完全不工作。这是因为液压油从减压阀内部的单向阀部分自由流动。

液压缸伸出施加推力时，使换向阀 C 往左区 [符号] 变换。

主回路直接连接液压缸 D 的推压侧。经由减压阀 B 连接到液压缸 E。

液压缸 D 的压力上升到减压阀的最大设定压力时，液压缸 E 的压力由减压阀 B 的设定压力规定上限。

此回路应注意的是，液压缸 D 和 E 哪个先开始活动是不确定的。要确定活动顺序，必须使用顺序回路。

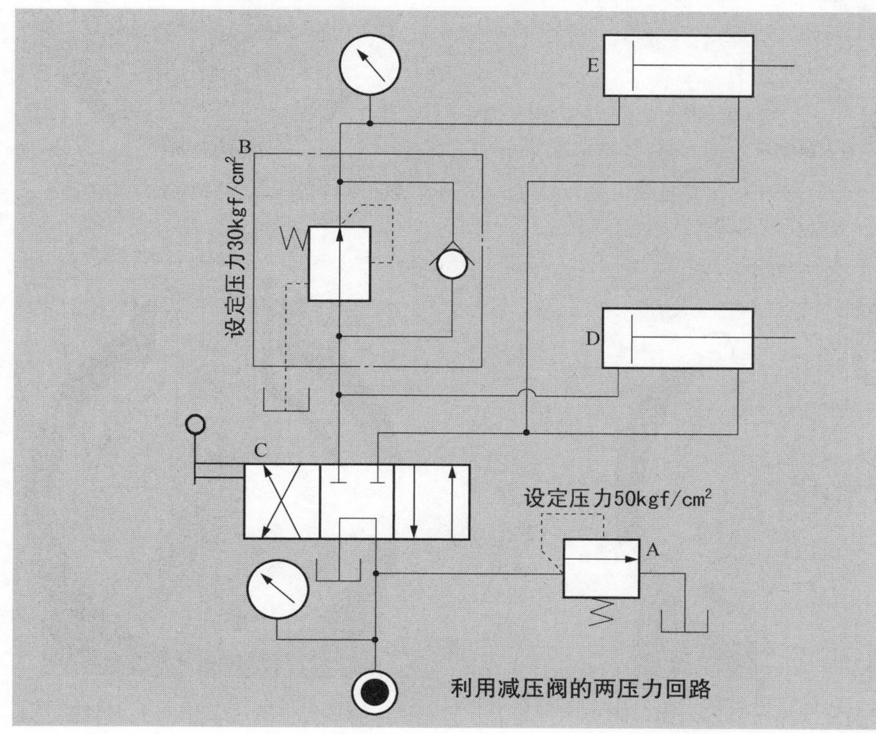

利用减压阀的两压力回路

3 无负载回路（卸荷回路）

即使执行元件停止动作，推力、夹持力也常常保持一定。在这种情况下，必须把执行元件内的压力保持在接近最大设定压力的程度。

仅使用溢流阀的回路，如没有流向执行元件的液流，全部液压油流过溢流阀返回油箱。

从高压下降到低压，液压油流动中必然发生热。此时的压力差和流量成正比，发生热量也变大。不但白白消耗能量而且使液压油的温度上升，甚至使液压装置出现严重的故障。为了消除回路的这一缺点，可采用无负载回路。

无负载回路也可用手动换向阀和电磁阀的简单非自动式回路。不过一般采用卸载阀和液控溢流阀的自动式无负载回路。

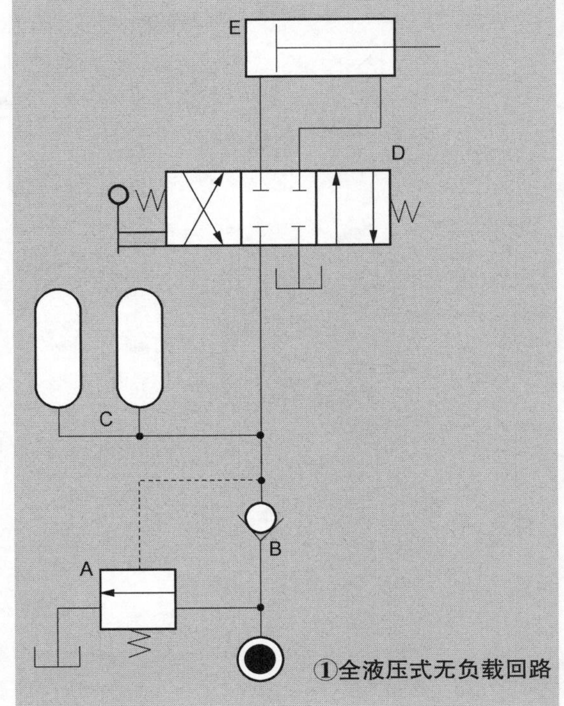

①全液压式无负载回路

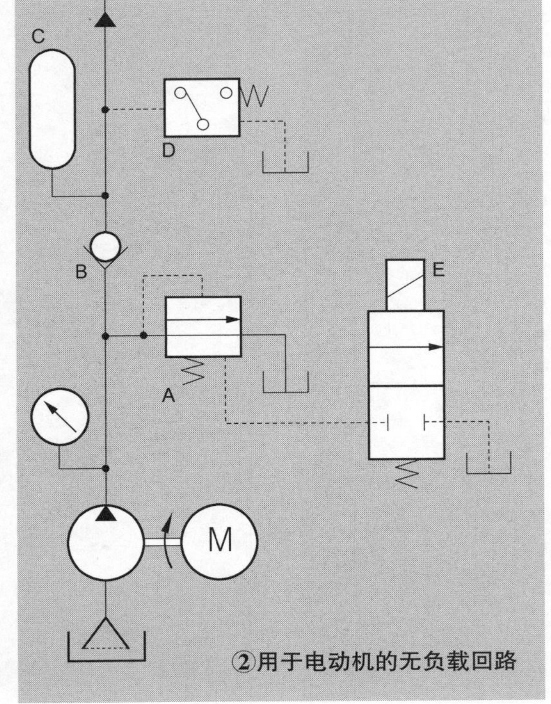

②用于电动机的无负载回路

图①是不用电的全液压式无负载回路。A 是卸载阀。图②是把压力开关和电磁阀 E 与液控式溢流阀 A 组合成的无负载回路。图①和图②的回路中都使用蓄能器 C。执行元件和各种阀类肯定存在内部泄漏，必须供给液压油补偿这种泄漏。内部泄漏量很少，所以仅用从执行元件流入量的几分之一或十几分之一就能维持压力。蓄能器的容量大小应在该时间内保持一定的压力的大小。

如不使用蓄能器时，在非常短的时间间隔反复“卸载”、“加载”，将会出现“不规则摆动——失调现象”。

图①无负载回路内，是在全部回路中不使用电磁阀等用电工作的机械时使用。

图②多用于使用额外电磁阀和压力开关的电动机。

图③是大型压力机械等所使用的回路，使用 A 或 B 的泵快速送进，压力机的模型到达与工件接触的位置。此时的压力自然是 40kgf/cm^2 以下的低压力。

模具与工件接触之后，无须快速送进，只是压力高，能产生强力就可以了。

回路的压力一超过 40kgf/cm^2，卸荷阀即被断开，泵 A 的排量因无负载故全部返回油箱。因而仅泵 B 进行压力变化。

这是不浪费能量的省力型的无负载回路。

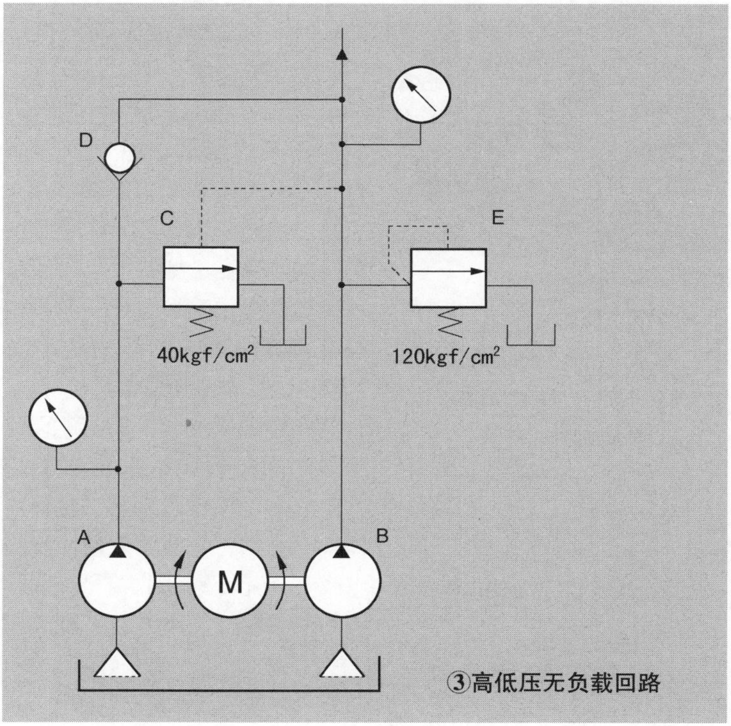

③高低压无负载回路

执行元件的工作速度调节回路

▲执行元件工作速度能容易地改变是液压装置的特征

不改变推力、拉力、卷紧力等，就能简单地改变推速、拉速、卷紧速度等，是液压装置的突出特征。

根据工作内容，最大限度利用这一特征，设计、使用这种回路的非常多。

除了在机床以最适于工件材料的速度进给时、搅拌机使叶片旋转速度适合搅拌物种类时可以使用该回路，此外还有很多应用实例。

不管怎样，都存在液压缸和液压马达等执行元件的工作速度的调节问题。

使执行元件工作速度改变，最好是改变流入的液压油流量。基本上有以下两种方法。

① 改变由泵排出的流量的方法。

② 由泵排出的流量不变，仅让必要的流量流到执行元件的方法（多余流量通过别的管路返回油箱）。

改变原动机的驱动速度时会伴随种种问题。利用液压装置通常要设定效率最高的旋转速度，尽可能不改变驱动速度。

在泵的输入旋转速度一定时，①的方法可说是很好的变速方法。

因为它是仅从泵送出工作必需的流量，而舍弃多余流量，不浪费动力。

然而采用这种方法时必须使用可变容量型的泵。为使泵的排量变化，必须统一考虑特定的机构，与②的方法相比，液压装置本身的成本比较贵。

变速范围是可预测的狭小范围时，应该采用与①相比成本价格比较便宜的②。

②的方法使用流量控制阀或“节流阀”。根据流量控制阀和节流阀的使用方法，有入口节流式回路、出口节流式回路、并联节流回路三种基本型。

4 入口节流式回路（执行元件工作速度调节回路①）

在执行元件上流设置流量控制阀或“节流阀”，调节其工作速度的回路称作“入口节流式回路”。

从泵送出的流量，经常是在比必要流量大的状态（过量状态）。其在用流量控制阀和“节流阀”进行流量调整时，其前提条件相同。

如图所示，在节流阀 C 的上游设置溢流阀 A（流量控制阀也是同样说明）。像图那样在换向阀 B 的更上游设置的例子也很多，所以要注意。

把换向阀 B 一经调整到左边的⊠区时，则液压油通过节流阀 C 流入液压缸 D。此时调节节流孔的大小增减进液压缸的流入量而获得所需要的工作速度。

在此节流阀上流的回路，上升到溢流阀 A 的调整压力，严格地说是到达开启压力以上。如果使节流阀 C 的“节流孔的大小”变小，流向液压缸的油量减少，从溢流阀 A 返回油箱的量增大。

从节流阀 C 到液压缸 D 的压力由加给液压缸负载的大小决定。

此入口节流式回路，适合于液压缸那样内部泄漏等于零的执行元件的速度调整。

即便在内部泄漏比较大的液压马达，参照容许速度也可使用。

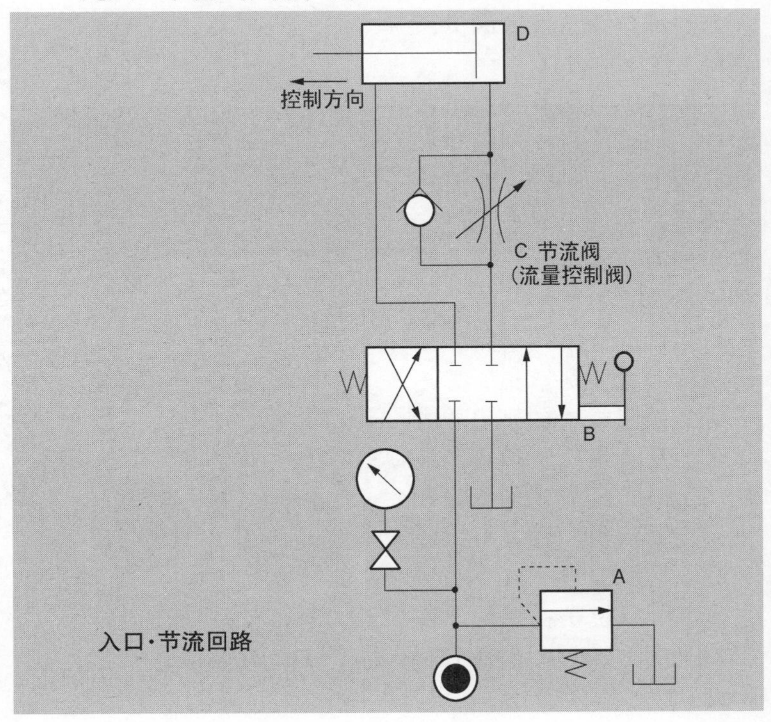

5 出口节流式回路（执行元件工作速度调节回路②）

在执行元件的下流设置流量控制阀和节流阀是调节工作速度的回路。毫无疑问必须是过量状态。

如图在更上流设置溢流阀 A。

把换向阀 B 向左 ⊠ 区调整，液压油从换向阀 B 直接流入液压马达 D。

从液压马达 D 输出的液压油，通过流量控制阀 C 和换向阀 B 返回油箱。此时由电流量控制阀 C 调整马达 D 排出的液压油流量，可获得理想的工作速度。

此出口节流式回路，液压马达 D 的上游流道，总是上升到溢流阀 A 的开启压力以上。从流量控制阀 C 到液压马达 D 之间发生的压力和马达上游流道压力之差，成为对作业有效的压力。

也可以说是在执行元件上最大压力起作用的不利回路。

然而像液压马达那样，正确调整内部泄漏较大的执行元件的速度时，而成为有利的回路（但是内部泄漏限于从排泄管路返回油箱机构的马达。内部泄漏集中向同样的返程管路时，则与入口节流式回路一样）。

出口节流式回路为确定工作速度，只随着有效流量设定。即使负载变动，使内部泄漏增减，工作速度也不受影响。

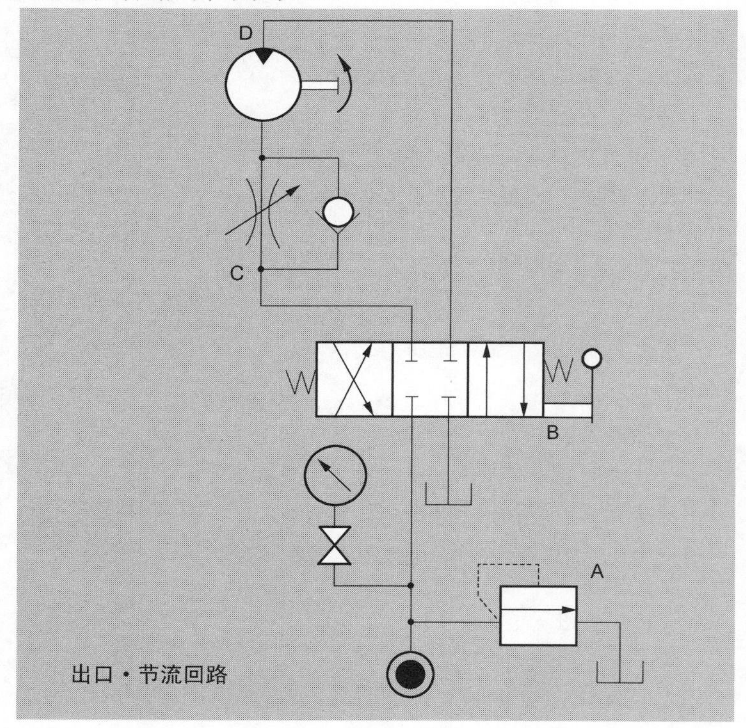

出口・节流回路

6 并联节流回路（执行元件工作速度调节回路③）

并联节流回路是在执行元件的上游液压油的一部分流向油箱的回路。适合于由泵送出的流量一定的情况。

与入口节流式回路及出口节流式回路不同，不采用将溢流阀剩余液压油放掉的方法。

本回路不是调整流入执行元件的流量，而是调整剩余流量，从侧面确定流入量的回路。因而必然与溢流状态一样，从泵输出的流量也必需固定。

图上把换向阀 B 向左 的区调整时，液压油直接流到液压缸 D。此时若给液压缸 D 加载荷，则因液压缸上流侧的压力上升而产生通过流量控制阀 C 的液流。

如果由换向阀流出的流量总是固定的，通过流量控制阀 C 的流量即是固定的，所以流入液压缸的流量也是一定的。

根据调整通过流量控制阀放掉的（并联·节流 =bleed off）流量，可使液压缸获得理想的工作速度。

此回路，液压缸上游全部回路的压力大小均衡。无需上升到接近溢流阀 A 的设定压力。从动力消耗方面看，是有利的回路。

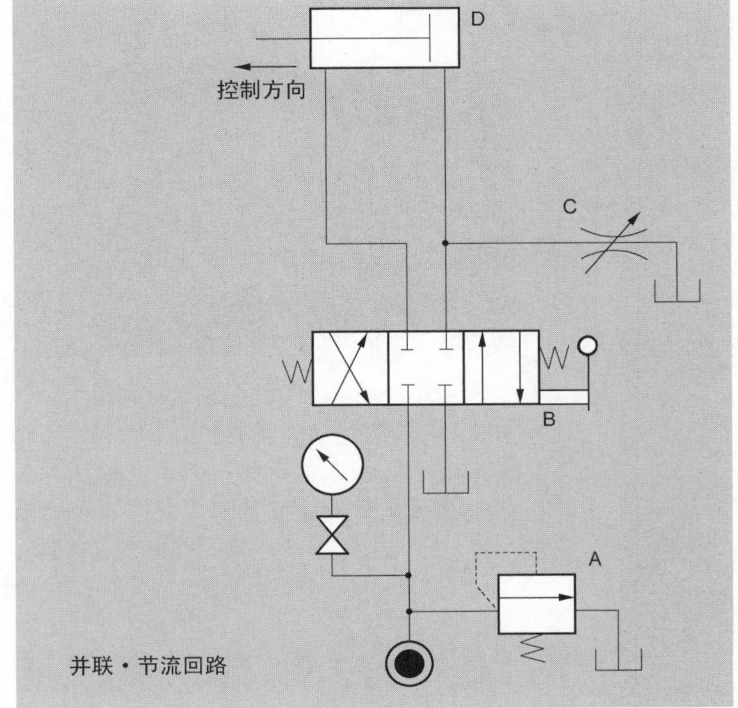

并联・节流回路

7 闭式回路（闭合回路）

将从山林砍伐出的巨大原木运出时的牵引车辆，如拖拉机等都用到了这种回路。

这类车的设计特点上不是快跑，而是尽可能发挥最大的牵引力。因而其中前进 20 级后退 4 级的变速仍常见。

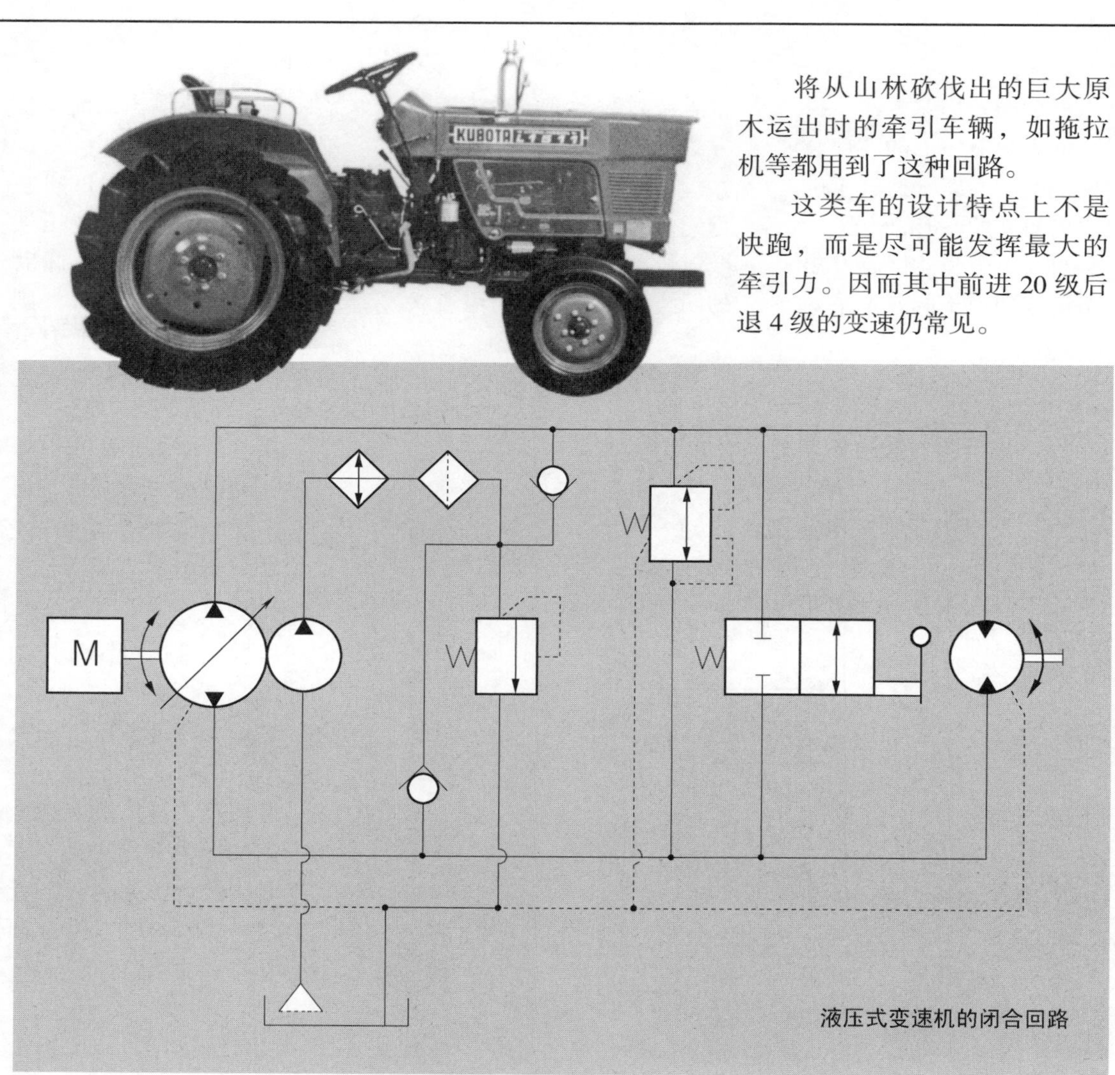

液压式变速机的闭合回路

因为在极慢的速度下，才能得到最大的牵引力。其前进后退都是无级变速，在低速范围获得巨大牵引力，符合要求容易使用。

对于满足这种要求的变速器通常采用液压式变速器(HYDRO-STATIC TRANSM-ISSION)。

左图是拖拉机中使用的HST液压回路，即“闭合回路”的实例，可说是最有代表性的回路图。

在平地和上坡路行驶时，由内燃机驱动的泵送液压油克服载荷让液压马达旋转而使车辆行驶。

液压马达的输出轴通过2级或3级齿轮式辅助变速器与差动齿轮连接而使后轮旋转。

使用可变容量式泵，因而使内燃机固定输出最高的旋转速度。使泵的排量变化，能使马达的旋转速度大小变动。

此泵在不改变内燃机旋转方向的条件下，能使输出侧和吸入侧反向。这是可变容量泵的特征。输出侧和吸入侧反向时，马达向相反方向旋转，使车后退。

输出侧和吸入侧反转时，存在成输出、吸入都不存在的点，此为中间点，如果马达不转，车也停止了。

中间点是理论上的点。所以在现实中，即使在回路上使用各种办法，也很难达到这个中间点的“点”。如果达不到中间“带”，本来打算使之停止的车，就会缓慢地前进或后退。

这样，来自马达的返回管路一端不返回油箱，而直接接上泵的吸入口的回路，即“闭式回路”。

一般情况是，如同使用液压缸回路那样，来自执行元件的液压油返回管路，一端不返回油箱，泵从油箱吸入的回路称之为“开式回路”(开路)。“开式回路”日语的语调绕口，故一般称作“开环回路”。

对于闭式回路使用移动马达下坡路时，要用控制杆保持设定的速度，小心行驶。

车下坡减速时，普通车利用发动机制动。如果用闭环，可获得与发动机制动相同的效果，也称“回路制动”。“回路制动”是闭环的重大优点。

在液压马达左侧的阀也称作泄流阀。

因发生故障和其他原因不能驱动内燃机时，有必要用其他车辆牵引或由人来推。此时，要将该泄流阀换向，使液压马达的入口、出口直接连接(使之短路)。

由于液压马达旋转时没有阻力，因而牵引或人力手推容易进行。

8 顺序回路

考虑一下连续做 20 次或 30 次装订资料时的动作。

首先把复制的资料按页数顺序排好，把要装订的一侧弄整齐。一只手使劲压住，确定钉书机在需打进书钉的位置处咔地一声按打进书钉，一册资料就装订好了。

这个动作，如果需要 20 份资料重复 20 次，需要 30 份就反复 30 次。

这种动作顺序是不能轻易改变的。不同的动作需要分别按照顺序一个接一个地连续进行。

按页数顺序排好，把侧边弄整齐，在确定位置上打进书钉，这一串动作都是按顺序进行的，称为动作或操作，意味着“连续反复”。

这种简单操作，可以通过较简单地由机械来反复进行。

如用钻床进行大批量生产时，零件钻孔加工的操作顺序与此非常类似。

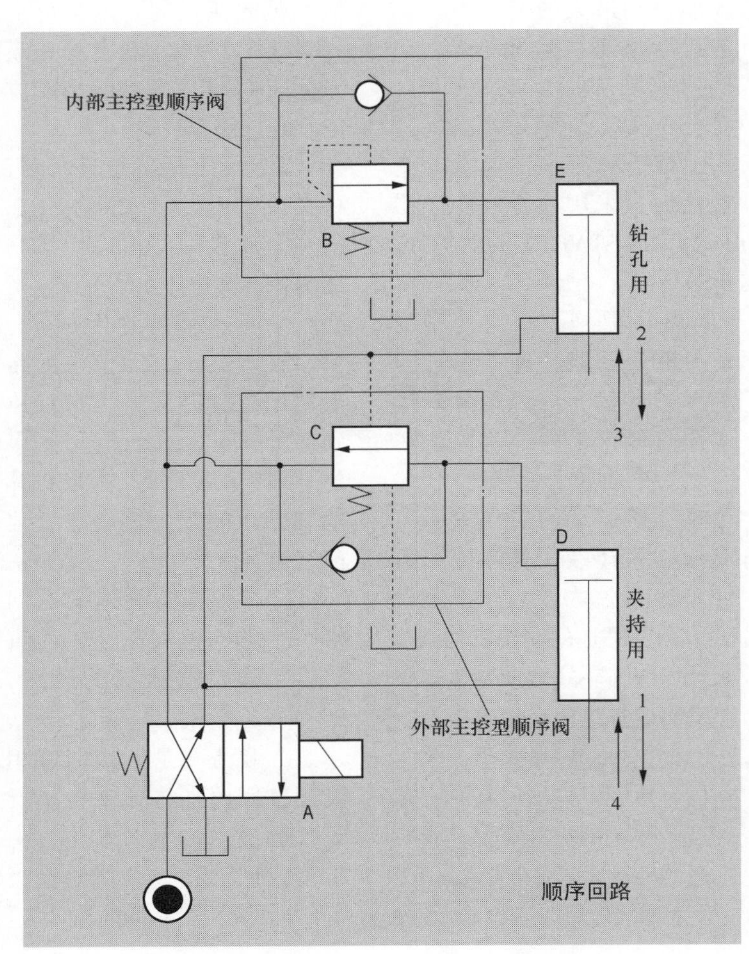

顺序回路

图是用钻头在零件上钻孔加工时用的一种顺序回路，是利用顺序阀的一个例子。

图中的状态是换向阀向左侧区连接，夹持用液压缸 D、钻孔用液压缸 E 都保持在拉进活塞的位置（OFF 的位置）。

把换向阀调节到右区 ↑↓ 与回路连接的位置（ON 的位置）时：

①的操作……液压油进入顺序阀 C 的内部，通过单向阀夹持液压缸 D。

夹持液压缸 D，活塞杆伸展，将要加工的零件夹紧。

②的操作……在液压缸 D 的活塞杆伸出过程中，由于回路的压力降低，液压油不能通过顺序阀 B。

夹持好后，液压油不能流向其他部分，回路压力上升。压力一上升，顺序阀 B 内的溢流阀部分打开液压油进入钻孔液压缸 E，降低钻头进行钻孔加工。

回路压力也加给夹持用液压缸，所以夹持力不变。

▲顺序回路最适合于大批量生产用的自动化机械

③的操作……在钻孔加工完成的地方，把换向阀 A 变为（OFF 的位置），通常是自动换向。

液压油进入液压缸 E 和液压缸 D 的收缩侧入口。液压缸 E 内的液压油被压出，自由通过顺序阀 B 内的单向阀返回油箱。

在液压缸 E 收缩时，由于回路压力保持较低，故而液压缸 D 不收缩。

④的操作……液压缸 E 收回，钻头在最上端停止时，回路压力上升。

液压缸 D 的杆侧压力也上升，把活塞推到收回侧。从而返回侧和顺序阀 C 的溢流放开，液压油流向返回回路，回到油箱。

9 同步回路（两个液压缸或两个液压马达）

像在介绍分流阀所说的那样，正确地使两个液压缸或两个液压马达同步是非常难的。

在同步方式上（两个液压缸以相同速度伸出或收回、两个液压马达以相同速度旋转）容许某种程度误差时，采用右图所示的4个回路。

图①是液压缸D和泵A以一对一配置的回路。

用一台电动机B驱动相同容量的两台泵A，使两台泵的旋转速度完全一样。每台泵以及换向阀C中产生泄漏量之差，表示速度的差。

图②是表示在液压缸D的入口端设置两个液压马达，把它们的轴相互固定成一体。

两个液压马达C容量相同，轴被连接固定，所以旋转速度也完全相等。从而通过两个液压马达的流量也相等，使液压缸D的速度同步。

恰好是一面用两个同样大小的“量器”测量流量，一面流向液压缸这样的回路。此回路在液压缸收回时也能同步。

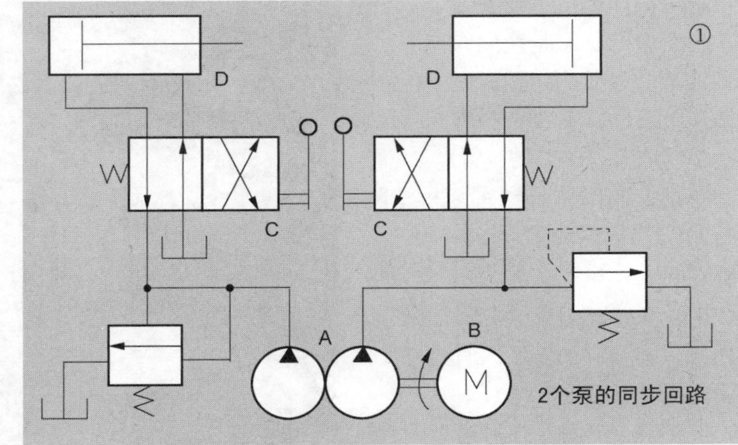

2个泵的同步回路

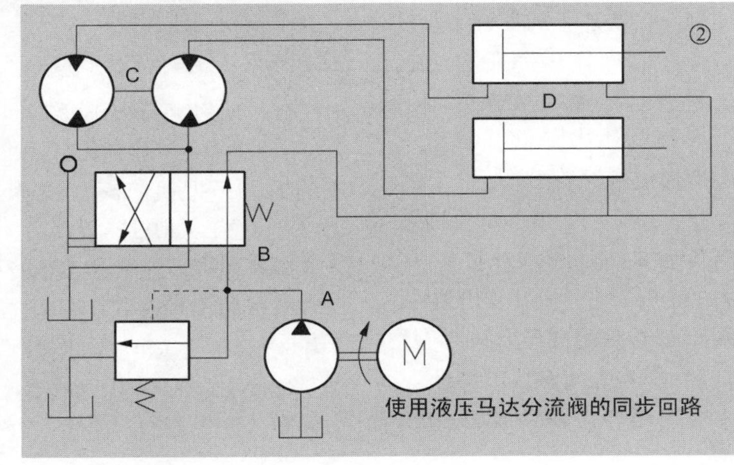

使用液压马达分流阀的同步回路

一个液压缸首先到达行程末端停止时，另一液压缸由于有误差，尽管没有到达行程末端却被迫停止（一个液压马达停止，因为轴是连为一体的，所以另一个液压马达自然也不能旋转）。

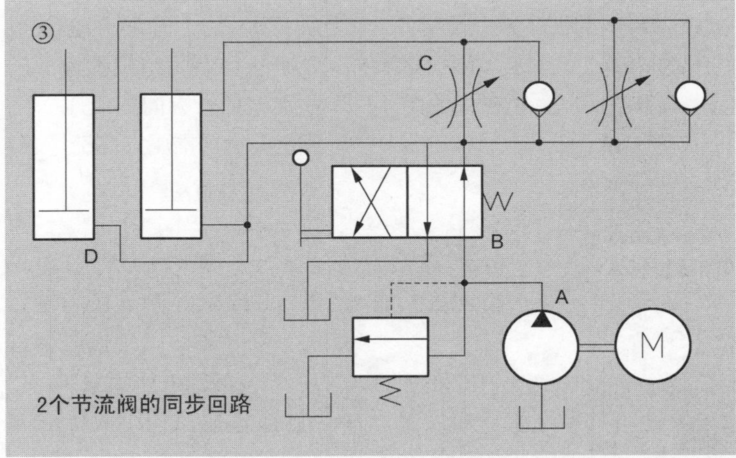

2个节流阀的同步回路

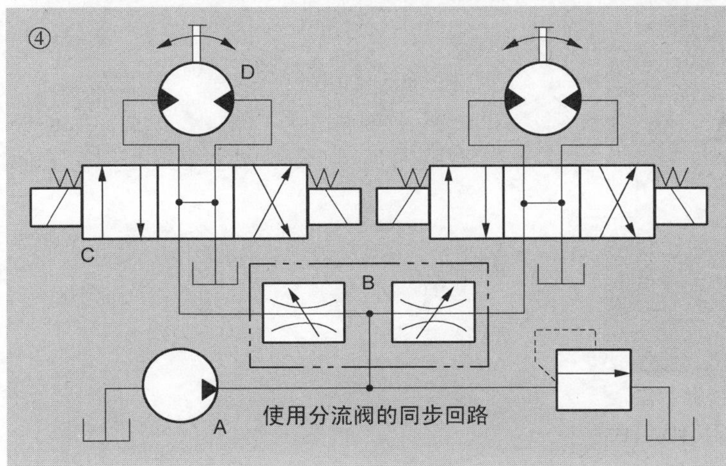

使用分流阀的同步回路

对此基本回路需要进一步考虑精算每个行程终端的误差。

图③是液压缸 D 和节流阀 C 一对一使用，使之同步的回路。但是这个回路仅在液压缸伸出侧同步。由各自液压缸返回来的液压油流量，经节流阀 C 调整，两个液压缸以相同速度工作。越使同步误差小，流量控制阀 C 的调整越精确，必须要细心。

图④是用分流阀 B 使两个液压马达 D 同步的回路。把一个泵送来的液压油用分流阀 B 二等分流向马达。

分流阀二等分时产生误差，是所用的分流阀固有的。

给 2 个马达加载，要验证在最大值时出现何种程度的差，找出此时的压力差，确认该压力差上分流阀的误差，必须在此基础上使用。

10 电气—液压顺序回路

来考虑一下对于液压装置的执行元件，“前进”、“后退”还有“正向旋转”、“逆向旋转”、“停止”等指令传送方法。

不用说利用液压就行。仅仅传送指令所需动力是很小的。根据小动力特征，利用气压也可以。

然而液压也好、气压也好，为了传送需要管路。指令传送回路很难安装较复杂的管路，管路所需要的空间很大。

与液压和气压相比，利用电时，可以在小空间里集中。利用电时，还有应用的机器种类丰富的优点。

图①是利用电的顺序控制指令传送的实例，显示该液压部分的回路图。仅就液压回路图来看没有什么特别变化。

把图②的电气回路图同时参照来看，可以容易地读懂全部装置的工作方式。

一按该装置的起动按钮（电按钮开关）液压缸的活塞伸出，伸到最长后，又自动开始恢复的回路。

按图②的按钮1时电磁线圈(CR-1)被励磁，于是第2线上的a接点CR-1关闭，即使手离开按钮1，电磁线圈原封不动被励磁，即为自动保持状态。

第3线上的a接点CR-1也同时关闭，由于SOL。a也受励磁，所以图①的电磁阀SOL换向为左区（位置）。

活塞伸长方向的液压回路形成，开始对推压方向工作。

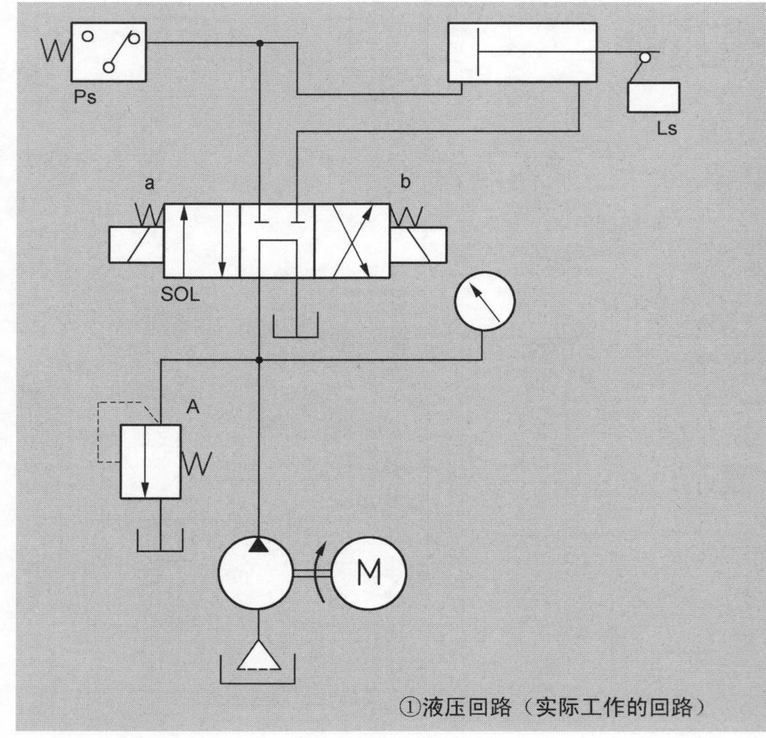

①液压回路（实际工作的回路）

活塞伸到头，回路压力上升到溢流阀A的设定压力。

在形成该压力的地方，压力开关Ps工作（第4线上的a接点Ps关闭）。

Ps关闭，电磁线圈(CR–2)受励磁，第6线上的a接点CR–2、第7线上的CR–2关闭（第2线上的b接点CR–2打开）。

因而第7线上的SOL.b受励磁，电磁阀SOL换向为①图的右区。

此时的液压回路，在拉进液压缸活塞的方向工作。

活塞被拉进到推压b接点限位开关Ls位置时，第6线上的Ls打开，电磁线圈(CR–2)被消磁。同时SOL.b也消磁，电磁阀SOL返回中间位置（活塞停止）。

要让活塞的活动在途中位置上停止，按停止按钮就可。

第5线上的“按钮2”，是在拉进停在途中位置返回到始动位置时使用。

注：电气术语的“开”是打开开关，即不通电状态，“闭”是通电。另外，与液压的管路和回路的关系一样，电气方面回路上的位置、距离和实际的配线不同。(CR–1)和R–1在回路上是分开的，而实际构成1个零件——电磁开关。

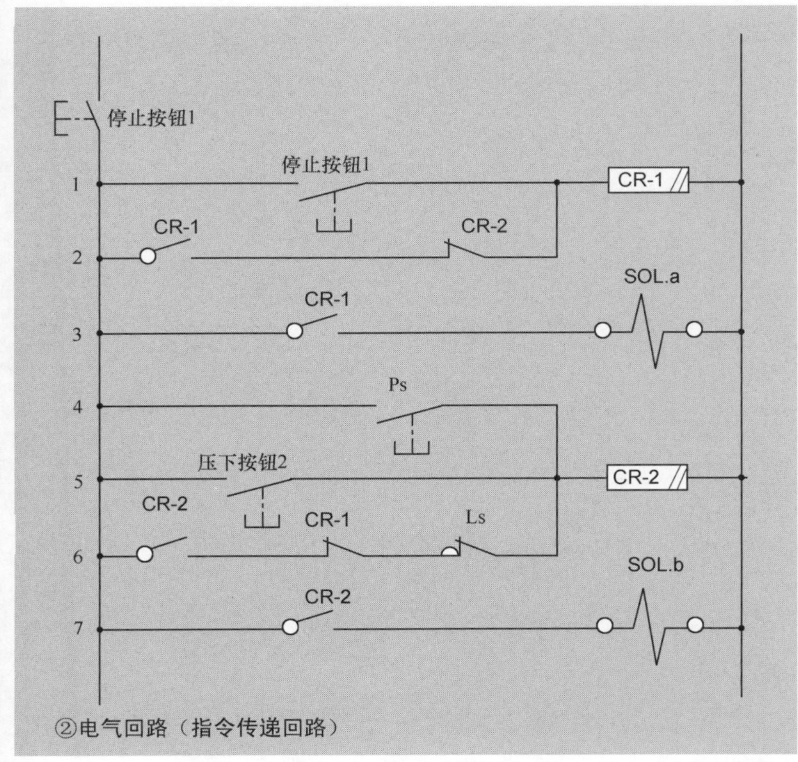

②电气回路（指令传递回路）